智博人工智能技术丛书

U0183080

Python
机器学习入门与实践

——从深度学习到生成对抗网络GAN

【日】大关真之◎著

胡庆林◎译

中国水利水电出版社
www.waterpub.com.cn
·北京·

内 容 提 要

　　《Python 机器学习入门与实践——从深度学习到生成对抗网络 GAN》是一本用 Python 进行机器学习编程的入门书，书中采用了欧洲童话故事中的人物角色"王后""魔镜""白雪公主"等，通过阅读不同角色的 Python 学习笔记中的示例代码和讲解，让读者在追寻奇幻故事的同时，享受编程的乐趣。另外，为了让程序可以单独或组合使用，书中对每个任务的过程和必要的库进行了分组，以使程序模块化。这是一种通过实际编写代码来加深理解的结构化方式。

　　《Python 机器学习入门与实践——从深度学习到生成对抗网络 GAN》一书语言通俗易懂，图文并茂，并加入了生动的故事情节，特别适合有一定 Python 编程基础，想学习机器学习、深度学习的高校计算机、人工智能专业学生和想研究人工智能方向的程序员学习。

北京市版权局著作权合同登记号　图字：01-2023-1221

Original Japanese Language edition
PYTHON DE KIKAIGAKUSHU NYUMON - SHINSOGAKUSHU KARA TEKITAITEKI SEISEI
NETWORK MADE -
by Masayuki Ozeki
Copyright © Masayuki Ozeki 2019
Published by Ohmsha, Ltd.
Chinese translation rights in simplified characters by arrangement with Ohmsha, Ltd.
through Japan UNI Agency, Inc., Tokyo

图书在版编目（CIP）数据

Python机器学习入门与实践：从深度学习到生成对
抗网络GAN / （日）大关真之著；胡庆林译. — 北京：
中国水利水电出版社，2023.11
　　ISBN 978-7-5226-1644-5

　Ⅰ. ①P… Ⅱ. ①大… ②胡… Ⅲ. ①软件工具—程序
设计②机器学习 Ⅳ. ①TP311.561②TP181

中国国家版本馆CIP数据核字（2023）第133732号

书　　名	Python 机器学习入门与实践——从深度学习到生成对抗网络 GAN Python JIQI XUEXI RUMEN YU SHIJIAN	
作　　者	［日］大关真之　著	
译　　者	胡庆林　译	
出版发行	中国水利水电出版社 （北京市海淀区玉渊潭南路 1 号 D 座 100038） 网址：www.waterpub.com.cn E-mail：zhiboshangshu@163.com 电话：（010）62572966-2205/2266/2201（营销中心）	
经　　售	北京科水图书销售有限公司 电话：（010）68545874、63202643 全国各地新华书店和相关出版物销售网点	
排　　版	北京智博尚书文化传媒有限公司	
印　　刷	北京富博印刷有限公司	
规　　格	148mm×210mm　32 开本　11.25 印张　404 千字	
版　　次	2023 年 11 月第 1 版　2023 年 11 月第 1 次印刷	
印　　数	0001—3000 册	
定　　价	89.90 元	

前　言

此前，我已经出版了两本书，分别是《機械学習入門―ボルツマン機械学習から深層学習まで―》（机器学习入门——从玻尔兹曼机器学习到深度学习）和《ベイズ推定入門―モデル選択からベイズの最適化まで―》（贝叶斯估计入门——从模型选择到贝叶斯优化），本书是第三本。

一直以来，我都以为读者提供一种没有任何数学公式、真正意义上的机器学习入门书为写作目标。然而，我们也收到了不少读者的反馈，他们希望能够看到更多的具体示例，可以根据需要在书中加入少量的数学公式。还有读者表示他们对机器学习产生了浓厚的兴趣，并且想要进一步深入学习。这些反馈无一不显示出读者对机器学习的热情，这让我感到非常开心。

因此，正如书名《Python 机器学习入门与实践——从深度学习到生成对抗网络GAN》所示，本书将通过 Python 编程来实践机器学习。目前市场上已经有许多介绍Python 编程和机器学习实践的书籍，我也选择了其中一些进行参考。本书作为"王后与魔镜"系列的一员，主要内容是基于 Python 的机器学习实践，其价值在于：初次接触 Python 编程的读者可以一边学习每段代码的含义，一边实际动手编写代码，亲自经历失败与成功后，逐步进入机器学习的世界。我觉得这样的方式比较好。

本书中所编写的代码既不是最好的，也不是采用最流行的方式，还有许多更优雅、更通用的代码写法以及更简便实用的功能没有介绍。但是，让读者通过编程实践学会使用机器学习方法处理自己的数据，并最终应用于工作中，是我们所追求的最低要求，为此我们在书中介绍了掌握这种能力所必需的基础知识。

在开始编程之前，对有些读者来说，计算机的环境配置可能比编程本身需要花费更多的精力。请先确认自己的计算机操作系统是 Windows、macOS 还是 UNIX（ Windows系统居多 ）。仅仅是操作系统的不同，设置就会千差万别。我们先从设置开始吧。

现代社会非常便利，遇到不懂的问题，可以自行上网查询。一定有人遇到过和读者一样的问题，所以如果在进行环境配置时遇到任何困难，请借助网络查询解决方法。不过，本书中也有部分段落提供了最基础的必要信息，也简单回答了一些问题。读者可以根据自己的进度安排和"王后与魔镜"一起学习。

此次的主人公不仅仅是"王后"与"魔镜"，还有那位也许大家已经期待许久的人物。让我们开启愉快的学习之旅吧。

大关真之

本书资源下载方法

（1）扫描下面的"读者交流圈"二维码，加入圈子即可获取本书资源的下载链接，本书的勘误等信息也会及时发布在交流圈中。

（2）也可以扫描"人人都是程序猿"公众号，关注后，输入 pbxgz 并发送到公众号后台，获取资源的下载链接。

（3）将获取的资源链接复制到浏览器的地址栏中，按 Enter 键，即可根据提示下载（只能通过计算机下载，手机不能下载）。

读者交流圈　　　　　　　　　　人人都是程序猿公众号

说明：

- 本书中刊登的公司名、产品名一般是各公司的注册商标或商标。
- 本书在编辑过程中，力求准确，尽量避免内容错误，但因为水平和时间有限，也难免有个别不当或错误之处，请读者注意学习书中传达的方法和编程思想，对于应用本书内容产生的结果，本书作者及出版社不承担任何责任。
- 本书受著作权法保护，未经授权，不得复制、复印、转载本书的全部或部分内容，如果想得到这些权利，请联系出版社获得授权。

目 录

第 1 章　与魔镜的相遇

第 2 章　机器学习的发现

第 7 章 生成对抗网络

登场人物介绍

王后

出人意料的坚强和勤奋，教给魔镜很多东西，利用机器学习来拯救国家。

魔镜

核心是一个被称为计算机的现代魔镜。
事实上，没有人知道它来自哪里……

仆人

不仅知道王后的秘密，还知道小矮人的秘密。什么都了解却又假装什么都不了解的人。

白雪公主

住在南部森林附近小屋里的少女。有人曾看到七个小矮人也在这片森林里居住。

小矮人 1

一个稍显任性但总能一语中的的天才小矮人，是领导者式的存在。

小矮人 2

笑脸盈盈的气氛制造者。当白雪公主熬夜时，经常陪伴在她身边。

小矮人 3

她就像其他小矮人的姐姐。或许，对白雪公主而言也像姐姐。

掌握 Python 语

"嗯……到底了解哪个种族好呢？"

"古人好像有很多个种族。大体上分为 Windows 族、macOS 族，还有最早的 UNIX 族。"

"既然每个种族都会说 Python 语，就没有必要分别考虑了吧？"

"正如您所说。每个种族使用的 Python 语都是一样的。这是人们尊重彼此文化的标志。"

Windows 族

如果你是 Windows 族，请访问知识之泉（Anaconda 官方网站）。你会看到一个 Windows 族的窗口图标，然后选择 Python 3.7 或 Python 2.7 来导入 Python 语。可以根据自身情况选择 32-Bit 或 64-Bit。

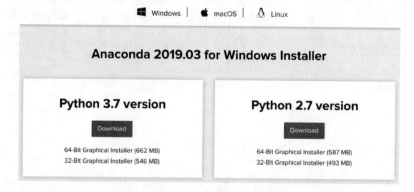

魔镜中会出现一个下载好的 Anaconda 配置文件，使用该文件可以配置易于使用 Python 语的环境。

暂时不用考虑选个人使用（Just Me）还是所有人使用（All Users），继续安装即可。

如果你是 Windows 族，在 Windows 菜单页面中选择 Anaconda3 → Anaconda Prompt 命令，就会出现神的祭坛——终端。

最初由 Windows 族使用的命令提示符也是神的祭坛之一，但为了让它不妨碍其他语言和魔法的使用，就需要举行仪式，也就是使用 Anaconda。可以通过 Anaconda Prompt 在一个被称作虚拟环境的秘密场地悄悄进行各种尝试。

通过 Anaconda 导入 Python 语的同时，也会把 numpy 和 jupyter notebook 导入魔镜。因此，在 Anaconda Prompt 中直接输入 jupyter notebook，就会出现 jupyter notebook 页面。

有些库并没有包含在内，如 chainer，请按照本书的说明进行导入。

macOS 族和 UNIX 族

macOS 族和 UNIX 族也需要导入 Anaconda，同样需要访问知识之泉（Anaconda 官方网站）导入 Anaconda。找到苹果的图标，选择小字号标记的 Graphical Installer。

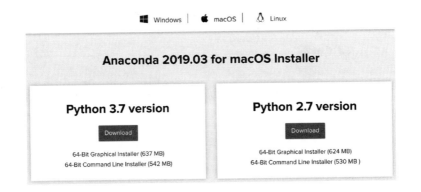

创建虚拟环境

无论是 Windows 族还是 macOS 族，导入 Anaconda 后就可以用同样的方式使用魔镜了。 现在要准备一个被称作虚拟环境的秘密场地。

在这个虚拟环境中，可以搭建属于自己的魔法实验舞台。

在神的祭坛"终端"上输入：

```
conda create -n（虚拟环境的名称）Python=3.7
```

-n 表示需要指定名称；Python=3.7 表示提供 Python 3.7 版本的虚拟环境。

"那么，输入

```
conda create -n princess Python=3.7
```

会怎样呢？"

"会创建一个名为 princess 的虚拟环境。"

"顺便说一下，如果输入

```
conda create -n princess anaconda
```

将会创建一个包括所有最初导入 Anaconda 中的库在内的虚拟环境。"

"那岂不是更好？"

"反过来说，在没有导入任何内容的情况下，从头开始，可以学到很多东西。"

"哦，这么说也有道理。"

"好，那就这样开始吧！"

掌握 Python 语

如果错误地创建了一个虚拟环境，也可以删除，只需要输入：

`conda remove -n`（虚拟环境的名称）`--all`

创建了虚拟环境后，为了进入该虚拟环境，需要输入：

`conda activate`（虚拟环境的名称）

这样就可以进入虚拟环境了。在这里所做的操作和各种设置都是这个环境中所独有的，因此在 Windows 族或 macOS 族中，仍然能够使用其他语言和魔法。

`conda deactivate`

输入上面的魔法之语就可以离开虚拟环境，返回原来的世界了。

接下来，请各位读者创建属于自己的秘密场地，开始操作吧！

利用 Colaboratory

如果不想在自己的魔镜上创建虚拟环境，可以访问知识之泉（Colaboratory 官网）。在这里，大家可以一起工作，一起尝试魔法之语。

选择 Python 3 的新笔记本，继续向下进行，会进入一个接收魔法的地方。

此外，还可以从"代码执行程序"中依次选择"更改运行时类型"和"硬件加速器"，向小矮人寻求帮助。

白雪公主的日记

在每一章重要的地方做笔记，写上相应的魔法之语：

`Chapter1.ipynb`

然后按照这个笔记的顺序将它们输入魔镜，就可以正常使用啦。

啊，对了，在 Python 语中，可以使用 Tab 键和 Space 键来编辑魔法之语。另外，在第一次出现或者较难理解的魔法之语前面标记了白色箭头符号。

```
def learning_process_classification(model,optNN,data,
result,T=10):
⇨ for time in range(T):
⇨⇨config.train = True
    optNN.target.zerograds()
    ytrain = model(data[0])
```

按 Space 键输入 4 个或 2 个空格，或者按 1 次 Tab 键输入空格。

第1章

与魔镜的相遇

不仅爱惜镜子，而且注重内涵的王后

勤勤恳恳

......

①

对了，父王好像教导过我要珍惜物品来着……

②

我也来帮忙擦镜子吧！

③

我会把边边角角都清理得干干净净。

④

那好像不是清洁工具吧。

1-1 不可思议的 Python 语

"魔镜啊魔镜，请告诉我，谁是世界上最美丽的人？"

这是《白雪公主》童话故事中的一句经典台词。

故事中，王后一直认为自己是世界上最美丽的人，可是随着白雪公主逐渐长大，魔镜知道了白雪公主已经成了世界上最美丽的人，它不小心把这件事告诉了王后，结果王后勃然大怒。

不过，在本书中，故事情节稍有不同。这个不知道来自哪里的镜子，其实是世间罕见的"魔镜"。

它态度傲慢，啰里啰嗦，除了帮助王后实现愿望之外，甚至还解决了王国遭遇的困难。事实上，这个魔镜好像掌握了机器学习这一便利技术。

那么，这个镜子里究竟隐藏着什么魔法呢？

 "嗯……是 print ("hello") 吧？"

 "是的，王后 !! hello!"

"王后陛下，您真厉害！完全正确。接下来请您使用循环语句，对 100 名士兵进行点名。"

"for k in range(100): print(k+1)…对吗？"

"1！2！3！…100！！"

"啊，太开心啦！！"

"您在做什么呢？"

"我在学习从古代流传下来的兵法。在我们国家，世世代代都是用 Python 语指挥和命令士兵的。看起来很有趣，所以我试着学了一下！"

"Python 语最初可能很难掌握，但是对于指挥众多士兵来说是一种非常有用的语言，所以被人们长期使用。"

"呀，确实，看到众多士兵一起行动的场景真的很令人震撼。我要学习更多的 Python 语。"

"王宫的图书馆里也有用 Python 语编写的书籍，除了兵法之外，应该还有其他有用的内容。"

"是吗？我去看看。"

古代文明与魔镜

 "有关古代文明的书籍，就在这里啦。"

 "哇！好古老的书。啊，这本难道就是 Python 语？？"

 "好像有人拿走了那里的书。"

 "果然，缺了好多本。很少有人来王宫的图书馆，会是谁借走了呢？"

 "这本书里写着以前使用 Python 语的情形。哎呀……"

 "这是什么？方方正正的，难道是魔镜？"

 "啊，确实。方方正正，一点都不时髦。"

 "什么呀，你想说自己很潮吗？"

 "糟糕！我们拿走古书的事被发现了？"

 "糟糕！糟糕！"

 "嘘……今天就先回去吧。"

越来越神秘的 Python 语、古书中描绘的这门语言的使用者、古代文明的存在。

接下来，我们来聊聊魔镜的来历吧。

森林深处

这里是森林的深处。就连附近的村民也很少靠近这片不可思议的森林。
不远处，一位少女和 3 个小矮人聚在一起，好像在说些什么。
他们究竟在这片人迹罕至的森林里讨论些什么呢？

 "谢谢大家。要是能破译这本古书，我一定会理解得更深入。"

 "书的事就交给我们吧！为了白雪公主，潜入王宫的图书馆，简直小菜一碟！"

 "请不要叫我'公主'。我根本不是什么公主。"

 "皮肤白！皮肤白！"

 "所以我们才叫您'白雪公主'，您不喜欢吗？"

 "这……哎，好吧。话说这个像镜子一样的东西，我想可能是要按这个文字键盘……"

"交给我们吧。我们来做。按哪个好呢？"

"我想想。嗯，那就 pip install jupyter……吧。"

"一开始就这么长！等等，这个还有这个，这里……"

"啊，有反应！"

"文字出来了！文字出来了！"

"看不太懂呀……"

"再按别的试试看！"

"好。pip install matplotlib 怎么样？"

"又出来了！又出来了！"

"又出现了很多不同的文字。"

"好像这么按也没问题。那接下来按 pip install numpy，然后按 pip install chainer。"

"好嘞，让我全部按下看看。"

"请不要随意按键！！"

"说，说话了！！"

"对不起！！"

"嗯？这是哪里？"

"你之前被埋在山崖下面。"

"我们把你挖出来后，发现还有一个文字键盘，所以就按了按。"

"嗯？嗯？我的记忆断断续续的，好像有很多模块和库正在更新。啊，真是太感谢你们了！"

"对不起，擅自触碰了你。我们对你很好奇，所以就把你擦拭干净带回来了，刚才还在进行各种尝试。"

"果然是古代文明！古代文明！"

"现在看来这个可能性很大呀！"

"这真是个大发现呀，公主殿下。"

"确实很像古书中记载的'魔镜'。看来必须要进一步解读这本古书了。"

魔法的仪式

1-4

　　自从我定居森林深处，开始寻找神秘的古代文明遗迹以来，这还是第一个大收获。pip install 的意思似乎是古代文明 Python 语中的"新的神啊，请降临吧"。为了把这句话传达给众神，只要在神的祭坛"终端"上输入：

　　`pip install`（想要召唤的神）

来举行仪式就行了。

　　如果想要送走某位神，就输入：

　　`pip uninstall`（想要送走的神）

　　送走神是一件令人恐惧的事情，所以极少这样做。但是如果被困于各种麻烦之中，想要重新开始的时候，就可以举行这个仪式。

　　如果希望神的力量日益强大，不断发挥出新的能力，就输入：

　　`pip install --upgrade`（想要更新的神）

来举行仪式就行了。

　　无意中举行的仪式很可能会召唤出从古代而来的神。

　　matplotlib 是描绘世间万象的神。

　　numpy 是通过计算来预言世界上将要发生之事的神。

　　chainer 是相对较新的神，在我们挖掘出的"魔镜"中也没有它的身影。或许比起镜子制作完成之时，古书的成书之日更晚吧。

　　看来，有必要继续对这些信仰进行研究。

　　在挖掘调查进行了 20 天左右时发现了"魔镜"，其中的记录残缺不全。虽然能够和它对话，但是仍然无法厘清事情的前因后果。不过，按照古书的说明举行前文所述的神的仪式时，魔镜会有一定的反应，所以它肯定是属于古代文明的东西。好期待通过与魔镜之间的对话，不断接近我们想要了解的古代文明啊。

"大概就是这样吧？"

 "公主殿下，您真喜欢写日记。先别写了，我们再试试看吧！"

 "我们对古代文明还知之甚少，一定要谨慎操作。而且这确实是一个伟大的发现，必须要好好记录下来！"

 "古书解读！解读！"

 "嗯，对。昨天解读到哪里来着……关于 jupyter notebook 神。"

 "我们召唤出了哪位神呀？"

 "据说是能让人类使用魔法的神，所以应该不会是位恶神。"

 "后面还有吧。我也试着读了一点。"

 "是的。书中记载，在神的祭坛'终端'上输入 jupyter notebook，举行仪式，神就会现身。"

 "试试！试试！"

 "jupyter notebook…"

 "jupyter notebook 神是吧？现在现身于您平时使用的浏览器页面。"

 "哇！这是什么！！！魔镜里出现了奇怪的东西。"

 "这就是 jupyter notebook 神啊……"

 "那，那啥。Python 界的神没那么可怕，请不要咋咋呼呼的好吗？"

"啊，好的。"

第 25 个调查日

jupyter notebook 是位伟大的神。

这位神帮助我们用自己拙劣的 Python 语使用魔法。

和其他神不同，jupyter notebook 能够轻易地从神的祭坛"终端"中被召唤出来，而且一经召唤立即现身，好像随时等待我们用 Python 语念出魔法之语一样。

当我们在使用 Python 语向众神传达魔法之语时，需要点击 jupyter notebook 右上方的 New 按钮，在打开的下拉列表中选择 Notebook 栏中的 Python。

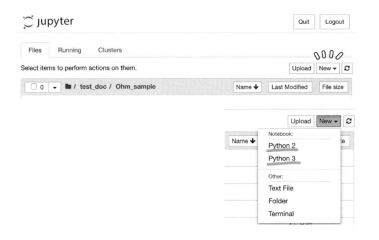

使用魔法需要相应的修行，前几日我们召唤的 numpy 神和 matplotlib 神可以帮助我们。于是，首先向 jupyter notebook 神传达了以下魔法之语。

Chapter1.ipynb

（魔法之语：基础模块声明）

```
import numpy as np
import matplotlib.pyplot as plt
```

import numpy as np 的意思是将 numpy 简称为 np。声明，要简称神的名字是很需要勇气的。

import matplotlib.pyplot as plt 的意思是将包含在 matplotlib 中的 pyplot 简称为 plt。

matplotlib 并非一个神，而是由许多神组成的群体的名称。pyplot 就是这个神的群体中的一员。据魔镜所言，神的群体被称为库，神的一员则被称为模块。

开启这些魔法之语时，需要在魔镜的文字键盘上同时按下 Shift 键和 Enter 键。我要记下这些因为 Python 语拼写错误而惹恼魔镜的经历。亲切的 jupyter notebook 神则会温柔地告诉我错在哪里。当魔法之语出错时，魔镜会生气，但是当没有犯错，顺利施展完魔法时，魔镜却毫无反应，非常冷漠。魔镜看似温和，其实比神还要可怕。这就是所谓的傲娇吗？不，不，它现在只有傲慢，希望有朝一日可以看到它撒娇的模样吧。

1-5 生成随机数

第 26 个调查日

我们验证了 numpy 神创造的一部分奇迹。使用生成随机数的魔法，可以在眼前变出被称为随机数的任意数字。为此，我们向 jupyter notebook 神传达了下面的魔法之语。

```
Chapter1.ipynb
（魔法之语：生成随机数）
D = 100
N = 2
xdata = np.random.randn(D*N).reshape(D,N).astype(np.float32)
```

D=100 表示将数值 100 赋给变量 D。这样的话，今后出现的字母 D 全部都会被替换为数值 100。在相对初期的阶段，最好像这样指定一个确定的数值。

N=2 也是如此，表示将数值 2 赋给变量 N。

接下来是 xdata=np.random.randn(D*N).reshape(D,N)，表示将通过 np.random.randn 生成的随机数据赋给 xdata。其中，将 "." 换成 "的" 会比较容易理解。

np.random.randn 表示使用 numpy 库中 random 模块的 randn 函数，它是 numpy 库的一部分，用于生成随机数。接下来的 .reshape 是用来指定数组形状的函数，通过指定 D 行 N 列的方式，可以得到一个以 D 行 N 列排列的随机数数组。.astype(np.float32) 表示将数组中的元素转换成 np.float32 类型（表示所处理数值的精度）。

"在 jupyter notebook 上写下的魔法之语，称为程序或代码。"

"(D*N) 表示数字的总个数，是吗？"

"看样子，"*"表示相乘的意思。D×N 好像能生成 200 个随机数。"

"我们的魔法之语有没有传达到呢？"

"书中记载，这时候告诉 jupyter notebook 神 print(xdata) 就行了。赶紧试试吧。"

```
In [1]:  import numpy as np
         import matplotlib.pyplot as plt

In [2]:  D = 100
         N = 2
         xdata = np.random.randn(D*N).reshape(D,N).astype(np.float32)

In [3]:  print(xdata)

         [[-1.5296204  1.0375193 ]
          [ 0.39824438 0.850015  ]
          [-1.2387445 -0.6208715 ]
          [-1.1604159 -0.5895522 ]
          [-1.0925784  2.5870993 ]
          [ 0.83331287 1.290192  ]
          [-0.87425095 0.8544954 ]
          [-1.4737636  0.08442247]
          [-0.685335   1.5328143 ]
          [-0.42495802 0.7946147 ]
          [ 1.5201478  0.5049326 ]
          [-0.20948185 -0.94558054]
          [-0.27509215 -1.0289142 ]
          [-0.18242939 0.04209168]
          [ 1.5745888  0.35141942]
          [ 0.5986387 -0.16945504]
          [ 0.04226239 -1.4807974 ]
          [ 1.8372889 -0.16834624]
          [ 1.033565  -0.49465975]
```

"好乱！好乱！"

"看来随机数生成得很不错。"

1-6　结果的图示

　　由于这么多数字排列在一起很难理解，于是我们就向 matplotlib.pyplot 神请求帮助。他为我们画了一幅简明易懂的图。

```
Chapter1.ipynb
（魔法之语：绘制散点图）
plt.scatter(xdata[:,0],xdata[:,1])
plt.show()
```

　　plt.scatter 就是 pyplot 神擅长的绘制散点图的魔法（利用 pyplot 库中的 scatter 函数）。散点图就是将数字表示成散乱分布的数据点的图。

　　xdata[:,0] 表示纵横排列的数字中的第 1 列纵向排列的所有数字，xdata[:,1] 表示纵横排列的数字中的第 2 列纵向排列的所有数字。

　　":" 表示所有，0 表示第 1 位，1 表示第 2 位，说明在现代的数字处理中，数字的索引与我们的习惯有一些不同。首先填入 plt.scatter 的 "()" 中的数字表示点的横向位置（X 坐标），其次填入的数字表示纵向位置（Y 坐标）。

　　最后输入 plt.show()，魔镜中就会出现散乱分布的随机数。由此可知，我们挖掘出的魔镜可以借助 pyplot 神的力量显示出图像。

　　"哇！好美呀！像星星一样。"

　　"好多圆点！圆点！"

　　"等一下，我有疑问，0 表示第 1 位？"

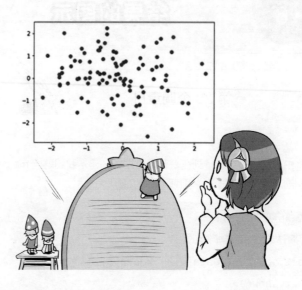

 "Python 语计数的方式和我们的不同。没办法，古代文明的语言嘛。古人肯定有他们的理由。"

 "好厉害，可以一次性处理这么多数字！"

 "如果一个一个地排列 100 个点，可真是够辛苦的呢！！"

 "古代文明值得敬畏！值得敬畏啊！"

 "他们把这样排列起来的许多数字叫作数据。"

 "数据。虽然听着有些陌生，但是好像有很重要的意义。"

1-7 两种不同类型的数据

我们试着把用魔法生成的大量数据分成两组。首先,我们想要画出一条边界线,所以继续解读了古书。

```
Chapter1.ipynb
(魔法之语: 定义函数)
def f(x):
⇨ y = x*x
   return y
```

这时,为了自动画出边界线,我们关注到了制作函数的魔法。函数的作用就是对给定的数值进行加、减、乘、除运算来改变数值的大小。首先,我们需要定义函数,以此来决定函数的规则。定义函数通过 def 这个魔法之语来实现。在文字键盘上输入 def f(x):,准备制作函数 f(x),然后就可以根据写好的规则进行计算了。人力无法胜任的复杂计算也可以交给它来做,函数真是一个非常有用的魔法。

制作函数时,要在 def f(x): 后隔开一定的距离再输入魔法之语。

这个隔开的距离也属于函数的一部分。

隔开的方式可以选择按 4 次 Space 键,或者按 1 次 Tab 键。

最后,如果忘记在结尾输入 ":" 的话,就会令魔镜神颜大怒。魔镜在神事方面可谓吹毛求疵啊(在编写代码的体例上有很多要求)。

我们尝试的计算非常简单，就是把 x 这个原始数值做两次乘法运算。"*"表示乘法运算。加法运算和减法运算分别是"+""−"，除法运算是"/"。3÷4 即"3/4"。

3/4 的结果是 0.75，3//4 的结果则是 0。为了便于阅读，所以将小数点后面的部分舍去，使显示结果为整数（// 表示整除）。

接下来，利用通过这个函数制作的边界线把散乱分布的数据点分成上下两个部分。

Chapter1.ipynb

（魔法之语：查询符合条件表达式的数据点）

```
tdata = (xdata[:,1] >  f(xdata[:,0])).astype(np.int32)
```

在 tdata= 之后输入被称为条件表达式的内容。也就是说，以是否位于边界线上方作为条件。

xdata[:,0] 表示点的横向位置（X 坐标），xdata[:,1] 表示点的纵向位置（Y 坐标）。根据这个条件表达式，可以找出 xdata[:,1] 大于经函数 f 更改后的 xdata[:,0] 的数据点，即位于边界线上方的点。

我们已经可以确认，输入 xdata[:,0] 可以对纵向排列的数字进行相同的运算。这就是 numpy 神的威力。

numpy 神确实伟大，难怪古书中记载了 numpy 神的信徒人数众多。

在 D 个点中，如果位于边界线上方，结果为 True（真），反之则为 False（假）。为了使其显示为便于阅读的整数值，加上了 .astype(np.int32)。如果将结果显示为整数值，则 True 表示为 1，False 表示为 0。古人似乎喜欢用数值的形式来表现各种各样的结果。

讲究的数值使用方式、严格的神事规则……就这样，我们逐渐揭开了古代文明的神秘面纱。而创造这种古代文明的古人又是什么模样呢？

"一切顺利吗？"

"瞧，这种时候，告诉 jupyter notebook 神 print(tdata) 就行了。"

```
In [6]: print(tdata)
```

[0 0 0 0 0 0 1 1 1 1 0 0 0 0 1 0 0 0 0 0 0 1 0 0 0 0 0 1 0 0 0 0 1 0 1
0 0 0 0 0 1 1 0 0 0 1 0 0 0 1 0 0 0 0 1 0 0 0 1 0 0 0 0 0 0 0 0 1 0 1 1 0
1 0 0 1 0 0 0 1 0 0 0 0 0 0 0 1 0 1 1 1 0 1 0 0 0]

 "啊啊。是 0 和 1 的排列！"

 "公主殿下说得没错！说得没错！"

 "除了 print (tdata)，只输入 tdata 也可以得出结果。等等，这个 array 是什么意思？"

 "似乎受 numpy 神的影响，会用 array 来表示。numpy 神的 array 魔力可以开启同时处理很多数字的便利的魔法。"

 "D 真的有 100 个数字吗？"

 "哈哈。这种时候，就输入 print(tdata.shape) 看看吧。"

 "真的！真的！"

 "公主对古书的内容理解得相当透彻呀！"

 "因为我在认真学习嘛。有了这个,就可以研究我们准备的数据的形状了。"

```
In [7]:  print(tdata.shape)

         (100,)
```

D=100 个对吧？

只要输入 print(xdata.shape)……

第 30 个调查日

我们继续进行昨天的工作，尝试将包含随机数数据的 xdata 分成两组。

> **Chapter1.ipynb**
>
> （魔法之语：查询 True（1）和 False（0）的位置）
>
> ndata0 = np.where(tdata==0)
>
> ndata1 = np.where(tdata==1)

　　np.where 表示借助 numpy 神的力量，当有数字符合后续的条件时，就会显示出该数字的位置。如果 tdata==0，就可以在 tdata 中查询到数值为 0 的数字；如果 tdata==1，就可以查询到数值为 1 的数字。特征在于有两个 "="。这里同样可以充分利用 numpy 神的魔法，一次性从全部数字中查询到目标数字，非常方便。numpy 神可谓查询之神般的存在。如果不小心弄丢了贵重的首饰，或许可以尝试借助 numpy 神的力量使用 np.where 魔法找到哦。

"输入 print(ndata0) 就可以看到结果了吗？"

"对，试试看！"

In [10]:
```
print(ndata0)
```
(array([0, 1, 3, 4, 6, 8, 9, 10, 14, 15, 16, 18, 19, 20, 21, 22, 23,
24, 25, 26, 27, 28, 30, 31, 32, 34, 35, 36, 37, 38, 41, 43, 45, 46,
47, 48, 49, 53, 54, 55, 56, 57, 58, 59, 61, 63, 64, 65, 66, 67, 68,
69, 70, 71, 72, 73, 74, 75, 77, 79, 80, 81, 82, 83, 84, 85, 86, 87,
89, 90, 91, 92, 93, 94, 96, 98]),)

In [11]:
```
print(ndata1)
```
(array([2, 5, 7, 11, 12, 13, 17, 29, 33, 39, 40, 42, 44, 50, 51, 52, 60,
62, 76, 78, 88, 95, 97, 99]),)

"哇！好厉害，真是这样！！"

"因为 ndata1 为 True，显示的是位于上方的数字，所以……意思是第 2、5、7、11、…个数字位于边界线的上方。"

"好多！好多！"

"虽然有些麻烦，但是需要注意，由于相差 1 个数值，所以用我们的说法应该是第 3、6、8、12、…个。"

第 31 天（日记）

我们再一次拜托 pyplot 神使用 plt.scatter 绘制散点图，同时还画出了边界线，结果一目了然。

当时，我们指定了如下所示的画线范围。

```
Chapter1.ipynb
（魔法之语: 通过散点图显示两种类型的数据）
x = np.linspace(-2.0,2.0,D)
plt.plot(x,f(x))
plt.scatter(xdata[ndata0,0],xdata[ndata0,1],marker="x")
plt.scatter(xdata[ndata1,0],xdata[ndata1,1],marker="o")
plt.show()
```

输入 np.linspace(–2.0,2.0,D)，也就是在 –2.0 和 2.0 之间准备 D=100 个点。以此为基础，拜托 pyplot 神使用 plt.plot(x,f(x)) 画出边界线，即把由 x 与对应的 f(x) 构成的 100 个点按顺序连接成线。

接下来，为了便于观察两种不同类型的点，在绘制散点图时，选择 marker 来改变点的形状。根据古书中的记载，可以选择 30 多种不同类型的形状。

在 plt.scatter 中，没有输入 “:”（因为它表示画出纵向排列的所有数字），而是输入了 xdata[ndata0,0]，这样只会选出 ndata0 中包含的点。使用这个方法，可以区别处理多种混合类型的数据。

In [7]:
```
x = np.linspace(-2.0,2.0,D)
plt.plot(x,f(x))
plt.scatter(xdata[ndata0,0],xdata[ndata0,1],marker="x")
plt.scatter(xdata[ndata1,0],xdata[ndata1,1],marker="o")
plt.show()
```

 "哇！两种类型的点分开显示了！"

 "有趣！有趣！"

 "这样一来，就不是纯粹的随机数了，而是分成了两种不同类型的数据。边界线很清晰地将它们分成了两种类型。现在就可以确认我们想知道的事情了。"

 "想知道的事情？"

1－7 两种不同类型的数据

23

"是的。我们很快就要知道，创造了这么厉害的古代文明的古人利用 Python 语做过什么事情了。就我读到的内容来看，也许他们曾利用这个技术预测过未来。"

"哦？应该没有什么东西能胜过我们的占卜吧！"

"公主殿下今天的运势一般般哟。"

"肯定和你们擅长的根据星体运行来进行预测的占星术不同啦。"

"呀，原来大家会占星术。星体运行有固定的规律，预测起来也很容易。"

"你们的预测依靠的是星体运行之外的东西吗？"

"星体的运行也是一种数据。世界千变万化，而变化的原因和相关要素则数不胜数。我们利用其中的任何一点都可以进行预测。"

"确……确实。照这样看来，古人是根据已有的数据和各种各样的事实来预测未来的喽？"

"正是如此！啊，对了，我们来保存一下已经做过的工作吧。"

"还能保存？你还能代替我做笔记，真是太方便了！"

"这……还有更便利的功能呢。请点击一下 jupyter notebook 页面的这个地方。"

"啊？不用文字键盘，直接点击？"

"是的，请吧！"

jupyter notebook 神一丝不苟，为了能好好地保存笔记，修炼了 Markdown 功能。

召唤出 jupyter notebook 神之后，在页面正中央的上方会出现 Code，点击它就会显示若干选项，其中之一就是 Markdown。

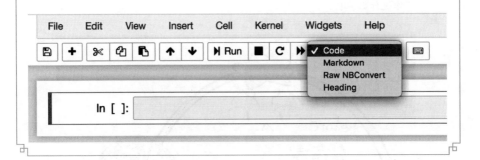

 "使用这个 Markdown 可以写文档、记笔记。"

 "好的，这里，这里……我输入完啦。"

 "然后同时按下 Shift 键和 Enter 键。"

 "好的！啊，出现文字了。"

 "这样一来，就可以写代码以外的普通文档了。用这种方式记好笔记，以后回顾时也能看懂当时的操作。我想，你身旁的那本书也是利用这个功能写出来的吧。"

 "嗯。这个真的很方便。"

 "输入'#'可以生成标题，制作出真正意义上的文档。"

 "'# 白雪公主的日记本'，写好啦。"

"然后请按 Enter 键换行。继续写'## 今日一言'。"

 "嘿嘿，难道？'### 魔镜有点儿傲慢'，写好啦！！"

 "你说什么？！"

点击页面左上方的方形图标可以保存 jupyter notebook 中的内容。

这个方形图标早在古代文明之前更久远的超古代文明时期就已经出现了，代表一种具有存储功能的圆盘，这种圆盘装载了一种被称为软盘的磁铁。

还可以更改名字后再保存。有两种更改名字的方式，一种是点击 jupyter 图标旁边的名字进行更改；另一种是点击 File 之后，使用 Rename 更改名字，然后使用 Save and Checkpoint 进行保存。

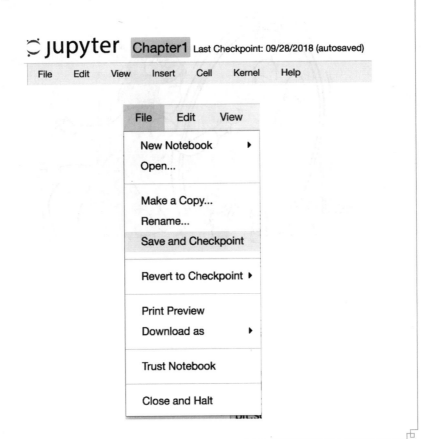

"虽然不是很介意，但我不习惯触摸镜子……"

"这样啊。也难怪，你没有触摸屏的概念。没关系，放心摸好了。"

"嗯！咕叽咕叽咕叽咕叽（用力摩擦）……"

"也不能这么用力啦！！"

王后的学习笔记
准备两种类型的数据

Chapter1.ipynb

基础模块声明

```
In[1]: import numpy as np
       import matplotlib.pyplot as plt
```

"首先要读取编程必需的模块。"

"平时召唤的模块基本相同。"

生成随机数

```
In[2]: D = 100
       N = 2
       xdata = np.random.randn(D*N).reshape(D,N)
```

"这是用于生成杂乱的数字，对吧！"

"这叫随机数。我们尝试生成了用于实验的数据。"

绘制散点图

```
In[3]: plt.scatter(xdata[:,0],xdata[:,1])
       plt.show()
```

"使用 plt.scatter 绘制散点图。"

 "可以看到数据散乱分布的状态。"

定义函数

In[4]:
```
def f(x):
    y = x*x
    return y
```

 "我记得要在 def 后面输入 ':'。因为忘记加这个,被批评了好多次……"

 "定义函数之后,就可以轻松地召唤出经常使用的计算公式了。非常便捷!"

查询符合条件表达式的数据点

In[5]:
```
tdata = (xdata[:,1] > f(xdata[:,0])).astype(np.int32)
```

 "使用条件表达式通过 '==''>''<' 来区分相等值、较大值和较小值。"

 "最后,利用 .astype(np.int32) 将数值转换成整数值 0 和 1。"

查询 True(1)和 False(0)的位置

In[6]:
```
ndata0 = np.where(tdata==0)
ndata1 = np.where(tdata==1)
```

 "使用 where 查询满足条件的数字的序号。"

 "numpy 可以一次性处理大量数值!"

通过散点图显示两种类型的数据

In[7]:
```
x = np.linspace(-2.0,2.0,D)
plt.plot(x,f(x))
plt.scatter(xdata[ndata0,0],xdata[ndata0,1],marker="x")
plt.scatter(xdata[ndata1,0],xdata[ndata1,1],marker="o")
plt.show()
```

 "使用 plot 可以绘制图表。"

 "在输入 plt.show() 之前可以重复绘制。"

第2章

机器学习的发现

夸张的王后

构建神经网络

第 32 个调查日

听说古人根据已有的数据来进行预测，和我们的占星术不太一样。他们究竟是如何预测未来的呢？

通过前几天的调查，我们从遗迹中挖掘出了魔镜，还发现了其他一些奇奇怪怪的东西。每个都长得一样，而且附带文字键盘。我们把这些东西命名为机器。可以想象，这些机器中凝聚了众神的力量，古人就是利用它来预测未来的，正如我们利用星座一样。

从遗迹中发现的那些深奥的壁画就是证明。

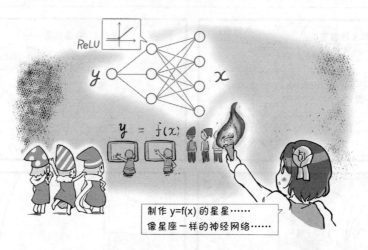

制作 y=f(x) 的星星……
像星座一样的神经网络……

壁画描绘了机器以及机器上方像星座一样的图案，还有聚集在机器周围的古人。

乍看之下很像占星术，其实并不是。据魔镜所言，这个像星座一样的东西在古代文明中被称为神经网络。

我们把壁画中的 x 翻译成输入，y 翻译成输出，并作出如下推测：首先，古人把各种各样的数据输入具有类似星座的神经网络的魔镜；然后，为了进行某种判断和预测，魔镜用数据表示已知的数值，并把这些数值组合起来进行综合判断；最后，魔镜将结论告诉古人。而神经网络就是用来表示如何组合这些数值的东西。这个过程就相当于通过观察此刻的星体位置来占卜我们未来的运势，这样就很容易理解了。古代的人将类似于由星星构成的星座映入魔镜，然后输入与想要知道的事情相关的数据，就能预测未来。这幅壁画描绘的应该就是举行这种仪式的情景。

我们还在古书中发现了与这幅壁画类似的一幅画。画中记录着下面的魔法之语。

Chapter2.ipynb

（魔法之语：chainer 声明）

```
import chainer.optimizers as Opt
import chainer.functions as F
import chainer.links as L
from chainer import Variable,Chain,config
```

从这幅壁画中似乎可以看出古人信仰一个被称为 chainer 的神的群体，隐约可见人们正在召唤 optimizers、functions、links 等神的情景。和之前一样，这些神也都有简称，分别为 Opt、F、L。古人竟然如此简化神的名称，真是令人惶恐至极。或许在古代，神与人的关系比较亲近吧。

进一步通过 from chainer，从 chainer 众神之中召唤出 Variable、Chain 两位天使以及天使的实体 config。据魔镜所言，继承了神的力量的天使被称为"类"，天使的实体被称为"对象"。两个类嵌入神经网络，帮助我们自由操作，config 对象向 chainer 众神发出命令。嗯……这是什么意思呢？

我们暂且向 chainer 众神献上准备好的数据，拜托他们将其分成两部分，即数据点分别位于上次绘制的函数的上方和下方。

首先，再次召唤出上次准备好的数据。

Chapter2.ipynb

（魔法之语：基础模块声明）

```
import numpy as np
import matplotlib.pyplot as plt
```
（魔法之语：生成随机数）
```
D = 100
```

```
N = 2
xdata = np.random.randn(D*N).reshape(D,N).astype(np.float32)
（魔法之语：定义函数）
def f(x):
    y = x*x
    return y
（魔法之语：查询符合条件表达式的数据点）
tdata = (xdata[:,1] > f(xdata[:,0])).astype(np.int32)
```

对于像这样事先给出的数据，只要准备好神经网络，就可以对该数据进行分析。

 "大家准备好了吗？要开始实际尝试了。"

 "星座！星座！"

 "噢，噢。无论发生什么事，我们都会保护公主殿下的……"

 "咕……咕噜（吞唾沫声）"

立刻进入神经网络的设计。

第一行的 C=2 表示稍后魔镜会得出两种结果。这是为了与我们根据随机数制作出的数据（如 tdada，分为 0 和 1 两种值）形成对应关系。

然后在 Chain 中指定想要使用的神经网络。

输入 l1=L.Linear(N,C)，拜托 links 神为魔镜配备一个星座——最简单的线性变换（linear transformation），其中 N 代表输入、C 代表输出。意思是对于每组数据，输入和输出的数值个数分别为 N 和 C，线性变换就是把 N 个数值分别加上权重后再相加，将其变换为 C 个数值的过程。思考上述"数值组合"就是神经网络的工作。我们把这个神经网络称为 NN。这样随意地命名，众神也毫不介意，可见神还是很友善的。

使用 L.Linear() 召唤出线性变换

"镜子里出现了星座！"

"出现啦！出现啦！"

"可为什么没有星星呢？"

"古书上说，星星代表数据。数据沿着星座从右向左移动。"

"沿着这个星座的线条移动吗？"

我们利用 def 制作函数，在星座中放入星星。接着设定以下规则，使星星"从右向左移动"。

Chapter2.ipynb
（魔法之语：定义函数）
```
def model(x):
⇨ y = NN.l1(x)
  return y
```

这里需要注意，别忘了输入 "："，不然魔镜又要生气了。

虽然可能还不习惯，不过为了格式整洁清晰，写魔法之语时要适当进行缩进。缩进的方式是按 4 次 Space 键或按 1 次 Tab 键。

右边的星群 x 对应输入，在这里放入准备好的根据随机数生成的数据 xdata。

将这个数据嵌入星座，魔镜内部会立刻按照星座的形状进行线性变换，然后在 y 对应的输出中显示结果。

最后同时按下 Shift 键和 Enter 键，魔镜中就出现了星星。

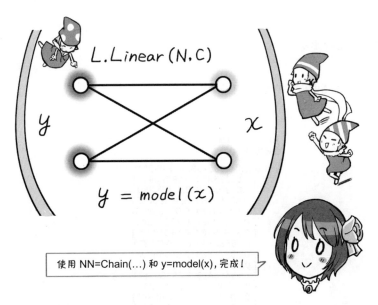

使用 NN=Chain(...) 和 y=model(x),完成!

 "星星! 星星!"

 "这就是壁画中像星座一样的神经网络的真身吧。通过这个 def model(x) 可以把 links 神创造的神经网络嵌入魔镜,而我们就是利用它来处理数据的。大概就是这样。"

 "出乎意料的简单。"

 "话虽如此,不过这个星星的形状很神秘。似乎魔镜在借助神的力量……"

 "嗯。似乎确实有神的力量……好,我来向神祈祷些什么吧!"

（魔法之语: 利用函数显示输出结果）

```
ydata = model(xdata)
print(ydata)
```

"星星亮啦！"

"魔镜中出现了数字！！"

In [16]:
```
ydata = model(xdata)
print(ydata)
```

```
variable([[-0.63515806 -1.03981972]
 [ 0.55773818  0.88876414]
 [ 0.01998718  0.03859359]
 [-0.53198403 -0.86900699]
 [-0.60514784 -0.97105896]
 [-0.15534437 -0.23256341]
 [-0.27635163 -0.51017225]
 [ 0.26587948  0.43971822]
 [-0.39277869 -0.65596008]
 [ 0.20615175  0.30629683]
 [ 1.15458453  1.85960317]
 [ 0.15899235  0.27909034]
 [-0.10199089 -0.14740342]
 [ 0.03215387  0.07646799]
 [-0.59404045 -0.97622377]
 [-0.82308257 -1.30124617]
 [-0.76922405 -1.25845039]
 [ 0.24260607  0.40046471]
 [-0.46769845 -0.76135415]
 [ 1.42644155  2.32847691]
 [-0.11020471 -0.18520087]
 [-0.01324707 -0.03038503]
 [-0.39257857 -0.65138632]
 [-1.32200718 -2.1661489 ]
 [-0.91263235 -1.47613573]
 [-0.43928051 -0.70746481]
 [-0.51871091 -0.85967028]
 [ 0.42924696  0.65743828]
```

"好多！好多！"

"这究竟是什么意思呢？"

"我想，可能是因为在魔镜中输入了 xdata 中 D=100 个点的数据，现在魔镜正按照星座的形状执行线性变换，所以在思考各种各样的组合吧。两个数字形成一组排列。纵向排列了 D=100 个，所以应该是与数据相关的数字吧。"

"显示的是数据的什么呢？"

"这个嘛，两个数字分别表示被分到哪一组的倾向，也就是说，数据会被分到数值较大的那一组。"

"啊，那岂不是说魔镜已经把数据分成了两种类型？"

"为了弄清楚区分的精确程度，可以用下面这个方法。"

（魔法之语：验证精度）
```
acc = F.accuracy(ydata,tdata)
print(acc)
```

"用这么简单的方法行吗？"

"这可是 chainer 众神中 function 神的力量，叫作 accuracy 魔法。ydata 表示魔镜的输出值，tdata 表示位于昨天绘制的图像的上下方位置的真实值，这个魔法就是对两者进行比较，然后打分。"

"也就是公布成绩。"

完全不行呀！！

那当然了。突然给我看一堆数据，我怎么知道要干嘛啊？

 "0.4……40% 左右啊。"

 "40 分！40 分！"

 "不怎么厉害嘛。"

 "也许……确实是个挺低的分数。"

 "你，你在敷衍我们吧！！"

 "等，等一下！这也不能怪我呀。突然让人家洞察世事，怎么可能那么顺利嘛！"

"为什么？你不是万能的魔镜吗？"

 "为了看清世间之事，还需要优化制作出来的网络。"

 "优化……难道就是那位 optimizer 神的职责？我明白了。我现在就去拜托 optimizer 神帮助我们优化神经网络。"

 "优化神经网络？"

学习神经网络

第 33 个调查日

为了将输入魔镜中的数据点准确分为函数上方和函数下方两部分，我们决定拜托 optimizer 神，也就是 Opt 来优化神经网络。简而言之，optimizer 神就是对魔镜实施微调的工匠之神。

首先，使用文字键盘输入下面的魔法之语，请出 optimizer 神。

```
Chapter2.ipynb
（魔法之语：设置优化方法）
optNN = Opt.SGD()
optNN.setup(NN)
```

这时，我们可以选择优化神经网络的方法。作为尝试，我们决定采用 Opt. SGD() 这一基础方法进行优化。

输入 optNN.setup(NN)，指定需要优化的神经网络，准备完毕。

结果如何呢？魔镜中出现了一群小矮人的身影。

"有人在叫我们吗？只要 Opt 神一声令下，我们可以对任何东西进行优化！！"

"竟然出现了一群从没见过的穿着奇装异服的小矮人！"

"小矮人！小矮人！"

"很像古书中描绘的古人的服装……啊，难道是？"

"我们的祖先？"

 "原来是这样。你们的祖先生活在古代文明时期，倒也不奇怪。他们不会一直都藏在魔镜里吧？"

 "我们是他们的子孙？？"

Opt 神的
小矮人们

 "好久没被叫出来了。话说，这是来活儿了吗？请先用 chainer 的 Variable 功能，通过误差反向传播法调查一下。根据输出值，我们就能轻松地优化神经网络。"

 "误差反向传播法？"

 "首先利用误差函数调查输出值与真实值之间的偏差。然后使用误差反向传播法从误差函数着手，追踪神经网络的计算过程，观察嵌入神经网络的线性变换的哪些部分被加强或削弱时误差函数的值变小，再根据这个结果适当地调整魔镜的位置。"

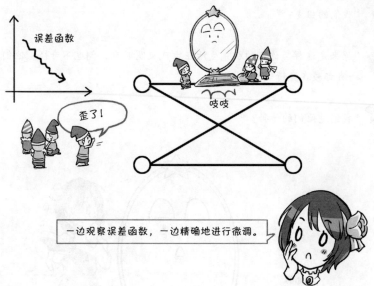

一边观察误差函数，一边精确地进行微调。

 "要在魔镜内部进行调整，确实只有瘦小的小矮人才办得到。"

 "确实。虽然我们擅长钟表修理和一些精细的手工活，可对魔镜进行微调还是很困难的。"

 "大师！大师！"

 "当优化神经网络时，线性变换的部分发生了变化，这样会改变数据的组合方式吗？"

 "改变数据的组合方式是什么意思？"

 "也就是改变数据的模样。模样变了，或许可以发现准确区分两种类型数据的规则。"

 "是的。一旦发现了更好的数据组合，就可以利用'梯度下降法'使误差函数的值变小。再一点一点地进行调整，就能实现神经网络的优化了。"

"小矮人们就是用这种方式，参照世上发生的事情对魔镜进行微调，从而制作出与数据完美吻合的神经网络。"

 "还可以保存过程是否顺利的记录。"

 "这点非常重要。我们先准备好保存记录的位置吧。照着古书抄下来……

Chapter2.ipynb

（魔法之语：准备保存学习记录的位置）

```
loss_series = []
acc_series = []
```

这样就行了。loss_series 里是误差函数的记录，acc_series 里是成绩的记录。可以了，准备好啦。"

为了执行优化，似乎还需要在魔镜的周边张开结界——for 语句。据说是为了方便小矮人们集中注意力进行优化。确实，工作时受到打扰就不好了。虽然相比之前，这次需要更长的设置，不过好在意思都简单明了。

Chapter2.ipynb

（魔法之语：张开结界）

```
T = 5000
for time in range(T):
```
（结界内部继续执行）

首先，T=5000 是表示张开结界的时间长度的数值。当然，这个时间越长意味着优化的时间越长。

for time in range(T): 是张开结界的声明。for 后面的 time 是结界内部的计数器。随着优化逐步推进，每完成 1 次微调，数值就会变大。time=0,1,2,…,4999，当完成 5000 次微调后，结果就出来了。

这个结界中的内容全部都要用表示 4 个空格的 Tab 隔开。突破结界时，则用 Backspace 键等恢复隔开的距离。

对照数据进行神经网络优化可以帮助魔镜学会洞察该数据，这个过程称为"学习"。由于这并非我们人类在学习，而是作为机器的魔镜在学习，就称之为"机器学习[①]"吧。

接下来记录实际进行优化的步骤。

（魔法之语：学习过程）
（续）

```
➜ config.train = True
  optNN.target.zerograds()
  ydata = model(xdata)
  loss = F.softmax_cross_entropy(ydata,tdata)
  acc = F.accuracy (ydata,tdata)
  loss.backward()
  optNN.update()
```

第一行的 config.train 是切换神经网络模型的声明，如果 config.train=True，就表示学习模型。optNN.target.zerograds() 被称为初始化，为接下来的优化作准备。据小矮人们说，就是把所有的梯度都设置为 0。optNN.target 表示"通过 optNN.setup 指定的 NN"。

接着，ydata=model(xdata) 利用当前的神经网络尝试将数据分为两组。

loss = F.softmax_cross_entropy(ydata,tdata) 进行误差函数的计算，该误差函数的值用于表示当前结果 ydata 接近正确答案 tdata 的程度。结果记录在 loss 上。

下一步使用 acc=F.accuracy(ydata,tdata) 检查当前的成绩。loss.backward() 表示回顾误差函数的计算过程，执行误差反向传播法。最后，通过 optNN.update() 拜托小矮人们对魔镜进行微调……

[①] 译者注：在"机器学习"中，存在"学习"和"训练"两个近似的概念。使用"学习"时，主语是机器，指机器学习知识；使用"训练"时，主语是人，指人训练机器学习知识。在后文出现"训练"和"测试"这组概念时，"学习"和"训练"作为同义词，有时使用"学习"，有时使用"训练"。

"和……和想象的不一样呢？"

 "好疼！别那么大劲！！"

这样姑且可以优化神经网络吧……

 "先动这儿，再动这儿！！"

 "要把魔镜中的 NN=Chain(l1=L.Linear(N,C)) 与数据对照着进行微调，确实是一项细致而辛苦的工作。"

 "对不起！我不会再出错了！好疼！！"

 "好，好严厉呀。老祖宗们……"

 "好怕呀！好怕呀！"

 "在结界中一心一意地努力，确实是种修行啊。"

"啊，停！我忘记做记录准备了！使用快捷键 Ctrl+C 可以中途停止吧？"

 "请一定把这幅场景记录下来！！"

只需要在学习记录中，把中途算出的 loss 值和 acc 值添加到刚才准备好的 for 语句结界中的 loss_series 和 acc_series 中即可。

```
Chapter2.ipynb
（续）
loss_series.append(loss.data)
acc_series.append(acc.data)
```

loss_series.append(loss.data) 表示将 loss 的数值添加到 loss_series 中。由于受 chainer 神的影响，计算出的 loss 除数值外还包含梯度等各种各样的要素，所以如果只想知道纯粹的数值，需要加上 .data。这样就记录了误差函数的变化情况，并以列表的形式排列。

同样，在 acc_series.append(acc.data) 中，结果也以列表的形式排列。从这个结果中可以观察对两种数据的分组是否准确。

2-3 检验修行成果

在显示结果方面，pyplot 神劳苦功高。

```
Chapter2.ipynb
（魔法之语：显示学习记录）
Tall = len(loss_series)
plt.figure(figsize=(8,6))
plt.plot(range(Tall),loss_series)
plt.title("loss function in training")
plt.xlabel("step")
plt.ylabel("loss function")
plt.xlim([0,Tall])
plt.ylim([0,1])
plt.show()
```

Tall = len(loss_series) 表示将 loss_series 中所有记录的长度设置为 Tall。即使多次重复张开结界继续学习，也能显示所有记录。

plt.figure(figsize=(8,6)) 决定结果显示的页面大小。8 表示横向长度，6 表示纵向长度。当然，也可以设置为视觉冲击力更强的大幅页面。在使用 plt.plot(range(Tall),loss_series) 绘制的图中，横向表示学习次数，纵向表示误差函数每次计算的数值。利用 plt.title("loss function in training") 可以给图添加标题。plt.xlabel("step") 用于指定横轴的名称，plt.ylabel("loss function") 用于指定纵轴的名称。

使用 plt.xlim([0,Tall]) 和 plt.ylim([0,1]) 可以调整显示内容的范围。其中，横宽是 0 ~ Tall，纵宽是 0 ~ 1。最后使用 plt.show() 在魔镜中显示修行成果，哦，不对，是学习成果。

"在变小！在变小！"

 "确实在慢慢变小……对吧？"

 "随着学习的推进……误差函数的值越小越接近真实值，是吗？"

 "是的。为了参照真实值准确地将数据分成两组，魔镜非常努力。"

 "是吧？是吧？我很努力吧？"

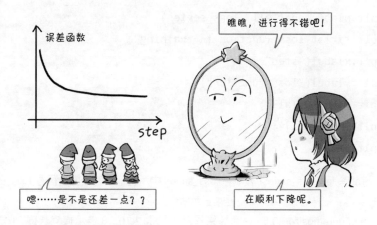

 "远远不够！还有差距！"

 "嘚！"

 "打磨需要不少时间。"

 "就像修行一样。"

 "修行！修行！"

"怎么看都觉得魔镜是在被迫修行。"

"原来如此！小矮人们对魔镜进行微调的过程，就是魔镜学习并掌握根据输入的数据来洞察世事诀窍的过程，这么一来，魔镜就能学习整个大千世界了。"

"学习！学习！"

"究竟是怎么一回事呀？"

"不是身为人类的我们，而是身为机器的魔镜在学习世界，然后代替我们根据大量的数据来预测未来？"

"就是这样。这真是一个大发现！不过要知晓世间之事可不容易……真的可行吗？我们来看看 acc_series 吧！"

Chapter2.ipynb

（魔法之语：显示成绩记录）

```
Tall = len(acc_series)
plt.figure(figsize=(8,6))
plt.plot(range(Tall),acc_series)
plt.title("accuracy in training")
plt.xlabel("step")
plt.ylabel("accuarcy")
plt.xlim([0,Tall])
plt.ylim([0,1])
plt.show()
```

magic!

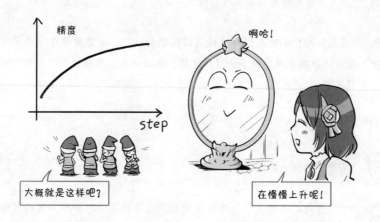

大概就是这样吧？

啊哈！

在慢慢上升呢！

 "精度在不断上升中！和误差函数不一样，这个结果是越高越好，对吧？"

 "聪明！聪明！"

 "好棒！相比最初的成绩，真是天壤之别呀。"

 "可见魔镜学会了不少观察数据的本领，所以才能准确地发现两种数据的边界线。"

 "啊哈！！"

 "那是不是继续学习就能完美地绘制出两种数据的边界线了呢？"

 "没错。我们继续吧！"

 "啊————————！！！"

2-4 神经网络的极限

从那以后，我们张开了好几次结果。魔镜渐渐能够准确地区分我们准备的杂乱随机数了。然而到后来，精度却只能维持在一定水平，能力提升达到了极限。我们开始怀疑古代文明也不过如此，打算就此放弃，但最终还是再次拜托 link 神准备了新的神经网络并嵌入魔镜。

```
Chapter2.ipynb
（魔法之语：构建双层神经网络）
C = 2
NN = Chain(l1=L.Linear(N,4), l2=L.Linear(4,C))
```

"这次除了输入和输出之外，也有星座相连，是吗？"

"是的。因为准备了保存中间计算结果的地方。"

"原来如此。"

"记得在壁画中有几个交织在一起的神经网络，好像在一步一步地组合数字。所以我想可以有不止一个神经网络，或许它们能够组合起来？"

"这样下去，组合方式会越来越复杂的。"

"我们刚才制作的，大概就是这样一个神经网络。"

保存中间计算结果的地方好像被称为中间层。

 "不过似乎还不止于此。古书上说还必须加入非线性变换。"

 "这，越听越复杂了。"

 "非线性变换，也就是说，不是线性变换，对吗？"

 "应该是的。我看了几遍古书，与神经网络相关的似乎不仅有 links 神，还有 functions 神，而且我觉得星星的形状和模样也略有不同。"

 "是不是因为在线性变换之后又进行了非线性变换呢？"

 "既然连接星座的线是线性变换，那么先在星星的位置进行非线性变换不就行了吗？"

 "试试看吧！"

经过讨论，我们决定在执行线性变换后执行非线性变换。根据古书中的记载，古人喜欢借助 functions 神的力量，使用非线性变换 F.sigmoid。

Chapter2.ipynb

（魔法之语：定义双层神经网络函数）

```
def model (x):
  h = NN.l1(x)
  h = F.sigmoid(h)
  y = NN.l2(h)
  return y
```

将顺序设定为在两次线性变换中加入非线性变换。

嵌入这个新的神经网络后，魔镜取得了非常优秀的成绩。

精度竟然达到了 100%！边界线完美地区分开两种类型的数据。据说，对数据的种类进行区分的过程被称为"识别"，而成功的秘诀就是加入非线性变换。

因为和昨天的调查内容基本一样，所以关于魔法之语并没有详细叙述，这里只记录下我们看到的情形。

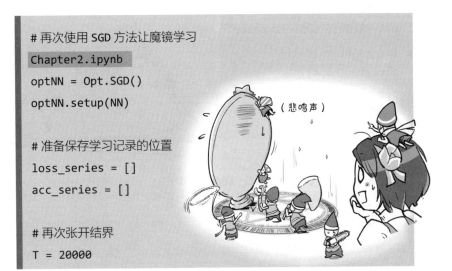

```
# 再次使用 SGD 方法让魔镜学习
```

Chapter2.ipynb

```
optNN = Opt.SGD()
optNN.setup(NN)

# 准备保存学习记录的位置
loss_series = []
acc_series = []

# 再次张开结界
T = 20000
```

（悲鸣声）

```
for time in range(T):
    config.train = True
    optNN.target.zerograds()
    ydata = model(xdata)
    loss = F.softmax_cross_entropy(ydata,tdata)
    acc = F.accuracy(ydata,tdata)
    loss.backward()
    optNN.update()

    loss_series.append(loss.data)
    acc_series.append(acc.data)

# 显示误差函数
Tall = len(loss_series)
plt.figure(figsize=(8,6))
plt.plot(range(Tall),loss_series)
plt.title("loss function in training")
plt.xlabel("step")
plt.ylabel("loss function")
plt.xlim([0,Tall])
plt.ylim([0,4])
plt.show()

# 显示精度
plt.figure(figsize=(8,6))
plt.plot(range(Tall),acc_series)
plt.title("accuracy in training")
plt.xlabel("step")
plt.ylabel("accuracy")
```

```
plt.xlim([0,Tall])
plt.ylim([0,1])
plt.show()
```

王后的学习笔记 2
构建神经网络

Chapter2.ipynb

基础模块声明

```
import numpy as np
import matplotlib.pyplot as plt
```

生成随机数

```
D = 100
N = 2
xdata = np.random.randn(D*N)\
        .reshape(D,N).astype(np.float32)
```

定义函数

```
def f(x):
    y = x*x
    return y
```

查询符合条件表达式的数据点

```
tdata = (xdata[:,1] > f(xdata[:,0])).astype(np.int32)
```

"首先，直接使用上次的代码。"

"因为已经制作好随机数的数据了。"

chainer 声明

In[1]:
```
import chainer.optimizers as Opt
import chainer.functions as F
import chainer.links as L
from chainer import Variable,Chain,config
```

"追加读取类 Variable、Chain 和对象 config……这都是什么意思啊？！"

"这些都是 chainer 中很有用的类。利用 Variable 可以方便地计算梯度，利用 Chain 可以轻松地使用神经网络。config 负责切换训练模式和测试模式。"

构建双层神经网络

In[2]:
```
C = 2
NN = Chain(l1=L.Linear(N,4), l2=L.Linear(4,C))
```

"只需在 Chain 中画出想要的神经网络就行了，对吧！"

"保持这个节奏，很快就可以画出深度神经网络了。"

定义双层神经网络函数

In[3]:
```
def model (x):
    h = NN.l1(x)
    h = F.sigmoid(h)
    y = NN.l2(h)
    return y
```

"中途加入非线性变换是关键！"

"非线性变换有很多不同的种类。"

设置优化方法

In[4]:
```
optNN = Opt.SGD()
optNN.setup(NN)
```

"在这里选择微调的方法。"

"这个叫梯度下降法。别忘了指定（setup）NN。"

准备保存学习记录的位置

In[5]:
```
loss_series = []
acc_series = []
```

"这是在准备保存学习记录，对吧！"

"是的，因为想看看是否顺利嘛。"

张开结界

In[6]:
```
T = 20000
for time in range(T):                    （续）
```

"虽然学得越久越聪明，但是很耗费时间。"

"循序渐进吧。"

学习过程

```
（续）
⇨  config.train = True
   optNN.target.zerograds ()
   ydata = model(xdata)
   loss = F.softmax_cross_entropy(ydata,tdata)
```

```
acc = F.accuracy(ydata,tdata)
loss.backward()
optNN.update()                                （续）
```

"通过 loss.backward() 使用误差反向传播法，然后根据其结果进行更新
（update）。"

"别忘了开始的时候要使用 zerograds()。"

记录学习成果

```
（续）
loss_series.append(loss.data)
acc_series.append(acc.data)
```

"使用 loss.data 输出 chainer 计算结果的值，对吧！"

"是的。这个 loss 是 chainer 特有的 Variable 类。查看值需要使用 loss.data。"

显示记录

In[7]:
```
Tall = len(loss_series)
plt.figure(figsize=(8,6))
plt.plot(range(Tall),loss_series)
plt.title("loss function in training")
plt.xlabel("step")
plt.ylabel("loss function")
plt.xlim([0,Tall])
plt.ylim([0,1])
plt.show()
```

"对显示的结果进行观察和确认也很重要，对吗？"

 "如果进行得不顺利，就回到结界，按快捷键 Shift+Enter。"

显示成绩记录

```
In[8]:  plt.figure(figsize=(8,6))
        plt.plot(range(Tall),acc_series)
        plt.title("accuracy in training")
        plt.xlabel("step")
        plt.ylabel("accuracy")
        plt.xlim([0,Tall])
        plt.ylim([0,1])
        plt.show()
```

 "Tall 和 T 不一样吗？"

 "T 是一次结界的时长，Tall 是数次结界的总时长。"

第3章

记忆中的鸢尾花

白雪公主要说毁灭咒语

读取鸢尾花数据

古代文明里有一种令人震惊的技术——魔镜能够利用神经网络预测未来。

具体来说，有着工匠精神的小矮人负责在结界中调整魔镜，不对，应该是优化神经网络，而魔镜就在这个过程中了解世界上的各种现象，掌握事物的发展规律。

这种技术属于一种被称为机器学习的技术。据说魔镜就来源于这种技术。

但是不知道为什么，如今的魔镜和王后生活在一起，每天真是又开心又惬意。

这天，王后和魔镜来到附近的山林。

在山林中，魔镜展示了一番它在过去练就的本领。

当时，大家正在一起观赏花田。

 "啊，鸢尾花。好漂亮呀！"

 "这是山鸢尾。"

 "这你都知道啊。"

"我学习了很多知识嘛。"

"学习？学习鸢尾花？"

"我永远都不会忘记那次学习经历。记得在那段日子里，我在结界中备受煎熬，没日没夜地读取鸢尾花的数据，直到学会通过特定的数据特征辨认出鸢尾花的种类为止。"

"结界？"

"以前，王后不是对众士兵说过 for k in range(100): 之类的话吗？我听到 for 语句后，就想起了过去的事，真是令人难忘。"

"你也会 Python 语？"

"不错。不如说我更擅长 Python 语，而且我还可以召唤出鸢尾花的数据。"

"真的？看过数据后，我也可以认出不同的鸢尾花吗？"

"这就不好说了。不过，如果真的要查看数据，不仅需要模块，还要召唤出数据集。"

"什么情况？镜子里出现了奇怪的文字！！ import sklearn.datasets as ds 是什么意思？"

"这也是 Python 语。刚才召唤出的是负责计算的 numpy 神、显示结果的 matplotlib 众神，还有博学神 sklearn 的 datasets。接下来就可以召唤鸢尾花的数据集了。"

"还有博学神呀，哈哈。"

"再输入下面的魔法之语就可以了。"

```
Chapter3.ipynb
（魔法之语：读取鸢尾花数据集）
Iris = ds.load_iris()
xdata = Iris.data.astype(np.float32)
tdata = Iris.target.astype(np.int32)
```

 "这些都是 Python 语吗？我想想，ds.load_iris() 表示 datasets 的 load_iris()？"

 "是的，完全正确。load_iris() 表示读取 iris，也就是鸢尾花的数据。datasets 神负责传出数据。"

 "哦？传到哪里呢？"

 "传到我的脑子里，嘻嘻。"

 "啊，好狡猾！快给我看看！啊，我知道了，这时候应该使用 Python 语 print(xdata)！"

 "哇哇哇！"

魔法之语：
召唤 scikit-learn

```
Chapter3.ipynb
import numpy as np
import matplotlib.pyplot as plt
import sklearn.datasets as ds
```

 "好厉害，排列了这么多数字！看来你真的会 Python 语。那就继续 print(tdata)。"

 "哇哇哇！"

这就是山鸢尾啊……

"咳咳。xdata 中有鸢尾花的特征量，从左到右依次是花瓣的长度、宽度以及花萼的长度、宽度。输入下面的魔法之语，可以看到横向排列的 N=4 个特征量，纵向从上至下排列的 D=150 个数据。"

Chapter3.ipynb

（魔法之语：检查数字排列形状）

```
D,N = xdata.shape
```

 "有 150 个数据啊。这样就能知道鸢尾花的大致特征了吧？"

 "tdata 表示鸢尾花的种类，0 代表山鸢尾（iris setosa），1 代表变色鸢尾（iris versicolor），2 代表维吉尼亚鸢尾（iris virginica）。"

 "也就是说，D=150 朵鸢尾花被分成了 3 个种类？你就是因为学习过这个知识，所以才观察出那是山鸢尾的吧？"

 "不错。虽然不能保证完全正确，但识别精度还是相当高的。"

 "识别精度是怎么得出来的呢？像资格考试一样吗？"

 "在使用训练数据完成学习之后，有一个泛化能力测试。测试数据的成绩非常重要，我好像得了 97 分？"

 "啊，原来是这样。那在你被搬进我的房间，突然开始讲话之前，你在哪里？又在做什么呢？"

 "这个嘛，我不记得与王后相遇之前的事情了。当我看到鸢尾花时，能记起的也只有鸢尾花和辛苦的修行。"

 "这样啊。哎，这个鸢尾花是什么种类呢？"

3-2 识别鸢尾花数据

第 38 个调查日

datasets 神属于 scikit-learn 众神的一员，他给我们展示了各种各样的数据集。我们利用这些数据集让魔镜学习各种各样的知识，并将这个过程取名为"机器学习"。

通过机器学习，魔镜可以帮助我们解决一些问题。例如，将各种类型的数据进行适当区分，即解决"识别"问题；再如，找出数值变化规律，即解决"回归"问题。

这次，我们尝试利用鸢尾花的数据集把鸢尾花分成三个种类，这是一个识别问题。

在解决这个问题的过程中，我们有几个重要发现。

"话说，虽然把数据交给魔镜让它学习也挺好的，但是我们真正的目的应该是让魔镜正确区分它没见过的数据，对吗？"

"之前，我们不过是对魔镜进行微调，让它能够正确区分见过的数据。"

"除了用于让魔镜学习的数据以外，要是还有它从没见过，但是我们又知道答案的数据资料就好了……可惜只有手头的数据……"

"把现在的数据分成两部分怎么样？一部分是训练数据，用于魔镜的学习①，另一部分是测试数据，用于测试魔镜区分数据的能力。"

"好主意！我们先把数据分开吧。如果魔镜能够正确区分测试数据，就表示我们成功了！"

---

① 译者注：从这里开始，"学习"的含义有时仅指"训练"，有时指包括"训练"和"测试"在内的学习行为。此处的"学习"仅指"训练"。

将数据预先分为训练数据和测试数据。

根据古书记载，能够正确识别未知数据，也就是测试数据的能力，被称为泛化能力。在机器学习中，提高泛化能力非常重要。于是，我们把数据分成下面两部分。

```
Chapter3.ipynb
（魔法之语：训练数据和测试数据）
Dtrain = D//2
index = np.random.permutation(range(D))
xtrain = xdata[index[0:Dtrain],:]
ttrain = tdata[index[0:Dtrain]]
xtest = xdata[index[Dtrain:D],:]
ttest = tdata[index[Dtrain:D]]
```

magic!

第一行的 Dtrain=D//2，表示将 D 的一半作为训练数据的个数。

在 index 中，numpy 神属下的 random 的魔法之一— permutation(range(D)) 对 D=150 个数字重新进行随机排列。这个操作可以对 range(D) 中 0 ~ 149 的数字逐一重新排序而不会重复，就像洗牌一样。

然后，在 xdata 的 150 个数据中分出 Dtrain=75 个作为 xtrain。

index[0:Dtrain] 表示取出 index 中的前半部分，即第 1 个到第 Dtrain 个数字。将这些数字作为数据的序号，从 xdata 中取出 Dtrain=75 个数据。

将剩下的 D−Dtrain=75 个数据放入 xtest 中。index[Dtrain:D] 表示取出 index 中的后半部分数字，然后同样将其作为数据的序号。由于放入 index 中的是 0 ~ 149 不重复且随机排列的数字，所以不会从 xtrain 和 xtest 中选中相同的数据。

之所以使用 index，而不是直接使用 xdata 的前半部分数据和后半部分数据，是因为原来的数据已经按顺序对数据的种类进行了区分。使用 index 可以防止训练数据和测试数据在种类上出现偏差，创建 ttrain 和 ttest 也是基于同样的原因。

这样我们就完成了数据分割。这个功能在今后的研究中非常重要，以后再做详细的总结。

接下来准备新嵌入魔镜的神经网络。准备工作和之前一样。

```
Chapter3.ipynb
（魔法之语：chainer 声明）
import chainer.optimizers as Opt
import chainer.functions as F
import chainer.links as L
from chainer import Variable,Chain,config
```

magic!

然后进行 3 次线性变换，从各个角度观察鸢尾花数据。

```
Chapter3.ipynb
（魔法之语：构建三层神经网络）
C = np.max(tdata)+1
NN = Chain(l1=L.Linear(N,3), l2=L.Linear(3,3), l3=L.Linear(3,C))
```

第一行的 C = np.max(tdata)+1 的含义是，先利用 np.max(tdata) 取出 tdata 中数字的最大值，然后 +1 消除 Python 语和我们在计数上的区别。例如，在这个例子中，把 tdata 中鸢尾花的种类表示为 0、1、2 这 3 个数字，其最大值为 2，加 1，结果就是 C=3。

```
Chapter3.ipynb
（魔法之语：定义三层神经网络函数）
def model(x):
    h = NN.l1(x)
    h = F.sigmoid(h)
    h = NN.l2(h)
    h = F.sigmoid(h)
    y = NN.l3(h)
    return y
```

这里，单纯的线性变换只考虑鸢尾花数据中数字的简单组合，所以我们拜托functions 神在中间加入了非线性变换。这一步标志着 links 神和 functions 神的合作正式开始，在对嵌入魔镜的神经网络进行微调的同时，还要致力于解决鸢尾花的识别问题。

 "今天是要解决鸢尾花的识别问题吧？"

 "有 D=150 个，你行吗？"

 "这可说不好。"

 "还是先用梯度下降法试试吧。"

 "对。还是先用之前的 Opt.SGD() 召唤出古代小矮人吧。"

```
Chapter3.ipynb
（魔法之语：设置优化方法）
optNN = Opt.SGD()
optNN.setup(NN)
```

把优化方法设置为梯度下降法，然后做好记录学习情况的准备。记录要清晰地呈现出魔镜在训练数据和测试数据上的表现。

```
Chapter3.ipynb
（魔法之语：准备保存学习记录的位置）
train_loss = []
train_acc = []
test_loss = []
test_acc = []
```

"哟！是在叫我们吗？又有新工作了吗？"

"拜托大家啦！如果 train_loss 顺利下降，而 train_acc 又顺利上升的话，就表示学习效果还不错。"

"赶快张开结界吧！"

只给魔镜看训练数据，然后进行调整。

要是给它看了测试数据，那就是竹篮打水一场空了。

"好嘞！交给我们吧！"

之前张开结界的方法也可以用于学习识别鸢尾花。

我们暂且把学习次数设置为 1000 次。如果一开始设置的次数太多，小矮人就会在结界中不停地工作，想要看到结果就要等很长时间了。

Chapter3.ipynb

（魔法之语：结界内部的优化过程）

```
T = 1000
for time in range(T):
```

```
config.train = True
optNN.target.zerograds ()
ytrain = model(xtrain)
loss_train = F.softmax_cross_entropy(ytrain,ttrain)
acc_train = F.accuracy(ytrain,ttrain)
loss_train.backward()
optNN.update()                                    （续）
```

在 loss_train 中放入训练数据的误差函数值，在 acc_train 中放入训练数据的
成绩。loss_train.backward() 表示通过误差反向传播法寻找优化点，以便更好地识
别训练数据。在这个学习过程中不显示测试数据。

然后在结界中记录学习成果。

Chapter3.ipynb

（魔法之语：记录学习成果）

（续）

➡ ```
config.train = False
ytest = model(xtest)
loss_test = F.softmax_cross_entropy(ytest,ttest)
acc_test = F.accuracy(ytest,ttest)
train_loss.append(loss_train.data)
train_acc.append(acc_train.data)
test_loss.append(loss_test.data)
test_acc.append(acc_test.data)
```

config.train=False 表示切换为测试模式。

小矮人在这样形成的结界中辛勤地劳动，反复微调，魔镜也在一点一点地学
习鸢尾花数据。
```

"话说，鸢尾花的识别还顺利吗？"

 "成绩！成绩！"

 "希望一切顺利。"

 "鸢尾花这种东西，就算瞪大了眼睛也看不出有什么不同吧。"

```
Chapter3.ipynb
（魔法之语：显示学习记录）
Tall = len(train_loss)
plt.figure(figsize=(8,6))
plt.plot(range(Tall), train_loss)
plt.plot(range(Tall), test_loss)
plt.title("loss function in training and test")
plt.xlabel("step")
plt.ylabel("loss function")
plt.xlim([0,Tall])
plt.ylim([0,4])
plt.show()
```

magic!

很遗憾。首先，误差函数没有改善的迹象。

我们又查看了成绩，也就是识别精度，丝毫没有改善的迹象。

显示结果所用的魔法之语如下所示。

Chapter3.ipynb

（魔法之语：显示成绩记录）

```python
plt.figure(figsize=(8,6))
plt.plot(range(Tall), train_acc)
plt.plot(range(Tall), test_acc)
plt.title("accuracy in training and test")
plt.xlabel("step")
plt.ylabel("accuracy")
plt.xlim([0,Tall])
plt.ylim([0,1.0])
plt.show()
```

magic!

"什么嘛！古代文明也不过如此嘛。"

"失败！失败！"

"一点也不顺利……"

"好，好过分……虽然成绩不好，但我已经非常努力了。"

"古代文明擅长把各种数据排列成图，或者像珠算那样进行计算，不过速度非常快。"

"这对生意人来说也许是个便利的工具。"

"生意！生意！"

"等等！让魔镜再进一次结界吧。"

"啊————！！"

"公主，你也看到了吧？完全没有改善的迹象呀。"

"误差函数没有下降的趋势。"

"极限！极限！"

"再进一次结界吧。我们刚开始学习的时候，不也遇到过许多不明白的问题吗？"

"确，确实。"

"嗯。那……再试一次吧。"

"啊？还要再来一次？辛苦的可是我啊。"

"拜托啦。我们相信你！"

"是，是吗？嗯……"

"振作！振作！"

"我们也给你加油！"

"同时按下 Shift 键和 Enter 键，就可以立即执行 for 语句重新张开结界。大家准备好了吗？"

"准备好啦！"

神经网络觉醒之时

 "结果会怎样呢？？拜托 matplotlib 众神了……啊啊……"

 "果然还是不行吗？"

 "不行！不行！"

 "和刚才一样，丝毫没有改善的迹象。"

 "因为只是盯着数字，啥也没干啊……这个问题很难的……你们还嘀嘀咕咕。"

 "哎！小矮人。"

 "什么事？"

 "我想了解一下梯度下降法。"

 "只要是我们知道的，都会告诉你。"

 "就是通过对星座状的神经网络进行调整来使误差函数下降，对吗？"

 "不错不错。如果把误差函数绘制成图像，大概就是下面这样。"

误差函数

梯度下降法

极小值

下降！

权重

顺着斜坡下降就是梯度下降法。

已经到谷底了，还是不行吗？

"调查误差函数的倾斜情况，然后让它下降来进行改善，对吗？"

"没错。"

"那不再变化就是指不再下降吗？嗯……就是指到了谷底吗？"

"嗯，也有这种情况。"

"到达谷底的意思难道不就是误差函数最小，成绩最好吗？"

"在上面的图像中，需要调整的权重只有一个，所以我们能够很清楚地看到谷底。但是在神经网络中有很多权重需要调整，所以谷底的位置很难确定。"

"这么说来，最好的成绩还在未知的谷底吗？那现在这个成绩就不是最好的了？到底什么意思呢？"

"不明白也没关系。总之，只要知道古代文明擅长使用机器做生意就好了。"

"等等！我们现在已经有了很重要的发现，还是再认真研究一下吧。"

"那要怎么做呢，公主？"

"输入 T=10000 吧。"

"啊啊啊啊啊啊啊啊啊啊————！！！"

"延长结界的有效时间吗？呀啊呀啊，公主也太能折磨人了……"

"我无论如何也不相信这就是古代文明的极限。一定还有什么秘密。"

第 40 个调查日

　　第二天，从结界中出来的魔镜和小矮人全都累趴下了。这也难怪，毕竟他们在结界里和鸢尾花数据搏斗了那么久。

　　不过，中途好像发生了什么变化。

　　为了定量评价这种变化，我们决定把结果显示出来。

"好，好厉害……"

 "大概就是这样吧。"

 "95 分……好棒！"

 "好棒！好棒！"

 "有进步哦……"

 "终于……终于掌握了诀窍。观察鸢尾花数据的方法！"

 "魔镜觉醒啦！！走出低谷啦！"

"突然就在某一刻进步了呢。"

"这觉醒真有种豁然开朗的感觉呀。干得漂亮！"

"幸好没放弃，不然太可惜了！可究竟是为什么呢？难道之前到达的位置不是误差函数的谷底？"

"嗯，可能就是这个原因。"

"魔镜继续在结界中学习了一段时间后，成绩就改善了。"

"改善！改善！"

"这就像我们在学校学习的时候，有时会突然开窍一样。魔镜会说话可能也是得益于这种灵感。"

"这家伙确实会说话，简直就像我们的同伴一样。"

"魔镜一定学过很多种语言。古代文明这么先进，却在我们脚下成了遗迹，不久前才被挖掘出来。这么精妙的技术没有人传承，真是不可思议……"

"嗯。"

"我们的祖先好像藏身在魔镜里，是吗？"

"藏身在魔镜里，需要的时候就工作吗？"

"这个嘛，后来我们就直接住在工作的地方了。反正我们个头很小嘛。"

"也就是说不知从什么时候开始，工作场所就变成了你们的住所。"

"……我怎么觉得更像寄宿呢……对不起。"

不够写呀……

白雪公主的日记

"()"中的字符越来越长，渐渐地，笔记本的一行都写不下了。所以，我把

```
Chain(l1=L.Linear(N,3),l2=L.Linear(3,3), l3=L.Linear(3,C))
```

分成了两行，变成了这样：

```
Chain(l1=L.Linear(N,3),
      l2=L.Linear(3,3), l3=L.Linear(3,C))
```

其实，也可以不换行继续写。
反正换不换行，魔镜都能看得懂。

3-4 非线性变换不够灵活

第 43 个调查日

精妙的技术只存在于古代文明，并没有传承至今。

之前的谜团还是没有解开。虽然我们继续研读了古书，可是很遗憾，书已经快看完了，而我们只发现了这样一句话："重复线性变换和非线性变换，可以学习这个世界上的所有现象。"不过我们又查阅了其他文献，发现在稍晚一些的年代里，星座的形状变得非常复杂，而且线性变换和非线性变换开始重复出现。

"公主，听说你有新发现？"

"是的，其实还有其他同样古老的文献，只是年代不同。文献里面记载，古人把非常复杂的神经网络嵌入镜子，制作出了能够学习世间各种知识的魔镜。"

"厉害！厉害！"

"但是公主，这可能吗？"

"什么意思？"

"祖先对魔镜进行微调的情景，我们在旁边已经看得非常清楚了……"

"咦？好费劲。"

"卡住了！卡住了！"

非装美出来不起住卡

 "卡住了？魔镜后面的调节摇杆吗？"

 "成绩老是上不去，就是这个原因。"

 "使劲搬也搬不动。祖先已经很使劲儿了，可是神经网络变复杂后，就越来越困难了。"

 "生锈了！生锈了！"

 "嗯。确实已经很旧了，可能真的生锈了。"

 "如果能把锈去掉就好了。"

卡住了，调不动，真让人头疼。

梯度下降法可能不行。

 "原来如此。或许可以清洁一下。我先记下来。"

从实际对魔镜进行微调的情况来看，我们怀疑微调可能进行得并不顺利，也就是说，神经网络的优化并不顺利。

为了找到解决办法，我们进一步解读了古书，结果发现在某个时期，一种特殊的非线性变换出现了。这是一种被称为 ReLU 的非线性变换，是 functions 神使用的魔法。它的使用方法非常简单。

更改 Chapter3.ipynb（更改非线性变换）

（魔法之语：三层神经网络函数化）

```
def model(x):
  h = NN.l1(x)
  h = F.relu(h)
  h = NN.l2(h)
  h = F.relu (h)
  y = NN.l3(h)
  return y
```

只要把之前的 F.sigmoid 改为 F.relu 就行了。

我们使用这个方法重新张开结界，再次让魔镜学习鸢尾花的数据。

 "噢噢。看来魔镜上的锈已经去掉了！真不错。这样微调起来就轻松多了。赶快做完工作吧！"

 "公主，清洁辛苦吗？"

 "嘻嘻嘻。我在书中发现一句话：'当使用复杂的神经网络时，选择 ReLU 进行非线性变换更好。'它就像润滑油。"

 "油！油！"

 "到底哪儿不一样呢？"

"也许，调节起来变得轻松意味着误差函数正在顺利下降。"

"我在想一件事，如果神经网络变得复杂，那魔镜的微调也会变得复杂吧。"

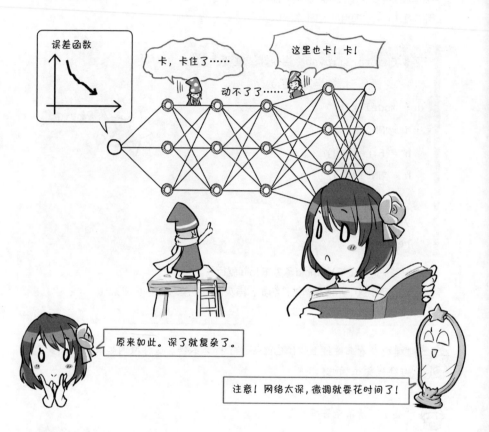

"好像变得错综复杂了。"

"这样会卡住的，微调也会变得困难。"

"对呀。在这种情况下，微调会很困难，所以最好使用灵活性强的东西。"

我们把非线性变换从 F.sigmoid 改成 F.relu 后，只花费了相对较短的时间就完成了微调工作，而且识别精度也在迅速上升，性能良好。另外，从误差函数的下降情况可以看到梯度变陡了。

我们推测误差函数的变化情况如下图所示。

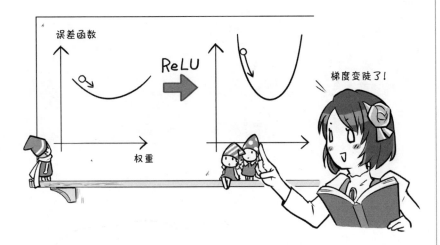

借助这个效果，魔镜的微调工作进行得很顺利。也许古人曾和我们一样苦恼，为了充分发挥复杂神经网络的作用，也曾在非线性变换上下了许多功夫吧。

 "看来在古代文明中，古人在神经网络的微调上也遇到了挫折，还为此进行了各种各样的尝试，终于凭借新的思维方式，一步一步巧妙地完成了神经网络的优化……"

 "我对祖先的睿智佩服得五体投地。"

 "如果那些小矮人果真是你们的祖先，那在小矮人自古以来的传说中，说不定能找到关于古代文明的线索呢。"

 "爷爷讲的传说都高深莫测，太难懂了。"

"比如？"

 "我想想，比如有困难的时候就从马上跳下来。"

 "咦？？"

3-5 学习停滞期

第 45 个调查日

我们决定从小矮人代代相传的传说中寻找有关古代文明的线索。

"有困难的时候就从马上跳下来。"
我们还没发现这个传说和神经网络的秘密之间有什么联系。

"学海无涯，先从眼下开始吧。"
难道小矮人和古代文明之间真的没有联系吗？

"乱糟糟的房间里培养不出智慧。"
虽然不明白这句传说与古代文明有什么联系，但是深有同感。

"看见郁金香赶快逃。"
谜团越来越深了。

"智慧要和朋友一起修炼。"
他们的确一直和同伴在一起。难道这句话是在说一种生活方式？

"翻转的青蛙还是青蛙。"
看来真的毫无线索。

我们决定从另一个角度来探讨这个问题。
我们召唤出 optimizer 神和其他众神，请求神的帮助。据说还可以向神询问他们能为我们提供哪些帮助。

我们把神的成员称为模块，把他们帮助我们的方式称为方法。
我们决定立即查找 optimizer 神会用什么方法来帮助我们优化神经网络。

（魔法之语：查找方法）

```
dir(Opt)
```

结果发现有各种各样的方法。例如，有一个 SGD 可以帮助我们执行梯度下降法。然而，令人惊讶的是还有许多其他的优化方法。

 "微调也有很多种方法吗？"

 "是的，如 MomentumSGD、AdaGrad 等。"

 "这些方法真的有助于学习吗？"

 "试试！试试！"

我们一直都在使用梯度下降法，却不知道执行梯度下降法也有各种各样的方法。例如，MomentumSGD 可以为微调提供动量，被称为动量梯度下降法。它的特点是利用之前微调时参考的梯度，就算是在误差函数到了平地，找不到下坡方向的情况下，也能保留少量的动量。

更改 Chapter3.ipynb（改为 MomentumSGD）
（魔法之语：设置优化方法）

```
optNN = Opt.MomentumSGD()
optNN.setup(NN)
```

设置本身很容易，只要把 SGD 改成 MomentumSGD 就行了。我们又一次构建起神经网络，张开结界，像之前一样进行微调，最后观察效果。

"嘿，嘿！！"

"啊！别太粗暴！！"

"果然动量充足，一转眼就结束了！"

Momentum SGD()

Momentum SGD 动量充足，真不错呀……

请不要这么粗暴好不好！

"就是要这样！！！"

"呜呜……已经足够了吧！"

"果然没错。动量梯度下降法动量充足，学习时间更短了。"

"是的，误差函数加速下降。"

"这里面好像有什么秘诀。"

同样是梯度下降法，换了一种下降方法后成绩就改善了。对此，我们决定进行更深入的考察。

结果发现，在识别鸢尾花的几次实验中，误差函数和识别精度存在两个阶段的变化。

也就是说，当我们认为精度已经停止上升的时候，如果让魔镜继续学习，就会出现精度开始再次上升的情况。这也许意味着，误差函数看似已经跌到了谷底，但如果继续学习，它还可以跌入另一个谷底。

不过在跌入另一个谷底之前，存在一个学习停滞期。

我们把这个时期称为"高原"。

 "为什么会存在这样一个学习停滞期呢？"

 "高原！高原！"

 "也许是因为有两个山谷吧。就像下面画的这样。"

 "原来如此。为了跳出停滞期，最好是一鼓作气。从这个角度来看，动量梯度下降法的确更有优势。书里还写了另一种方法，叫作自适应梯度下降法。"

自适应梯度下降法包括 AdaGrad()、AdaDelta()、Adam() 等。其中，Adam 在自适应梯度下降法中也被称为自适应动量梯度下降法（adaptive momentum）。我们满怀期待地采用了这种方法。

```
更改 Chapter3.ipynb（改为 Adam）
（魔法之语：设置优化方法）
optNN = Opt.Adam()
optNN.setup(NN)
```

自适应梯度下降法的原理是，当梯度变小时，根据梯度的情况增大调整量，大胆更新，跳出学习停滞期。这就像在下坡时，坡度越小的地方，步幅就越大。难怪在鸢尾花的识别问题上，使用这种方法很快就完成了神经网络的优化。

"顺利完成学习任务！"

"顺利！顺利！"

"既然这么快就能完成，真想试试让魔镜学习各种各样的数据呢。"

"optimizer 神的力量值得敬畏！"

第 50 个调查日

在优化神经网络的过程中，误差函数的形状会发生变化。在许多小矮人挤在一起进行微调时，我们有了下面的发现。

在误差函数的形状中存在这样一个位置，它沿某个方向而言是谷底，但沿其他方向而言又不是。据说这个位置是一种被称为鞍点的结构，可以把它想象为马鞍的形状。

如果沿任何方向而言都是谷底的话，就没有改善的空间了。

但是，如果能沿某个方向开辟出通往另一个谷底的道路，则另当别论。

学习的秘诀就在于要尽快找出这个特别的方向。

这就是所谓的 "有困难的时候就从马上跳下来"。

关键在于快速跳出鞍点。

"有困难的时候就从马上跳下来。"
这句话说的是摆脱学习停滞期的关键在于跳出鞍点。
小矮人的传说是否在暗示这一点呢?
如果真是这样,那么在研究小矮人和古代文明的联系方面,小矮人的传说就成了重要的参考资料。

王后的学习笔记
鸢尾花的识别

3

scikit-learn 声明

In[1]:
```
import numpy as np
import matplotlib.pyplot as plt
import sklearn.datasets as ds
```

"如果 import sklearn 触怒了神，就要举行 pip install scikit-learn 仪式。"

"如果因为中途遗漏了 scipy 而触怒了神，还要举行 pip install scipy 仪式。"

读取鸢尾花数据集

In[2]:
```
Iris = ds.load_iris()
xdata = Iris.data.astype(np.float32)
tdata = Iris.data.astype(np.int32)
```

"别忘了加上 astype(np.float32)！"

"要注意这是 chainer 使用的数字类型。"

检查数字排列形状

In[3]:
```
D,N = xdata.shape
```

"给字符赋值后，就可以用同样的方法来写其他数据，真方便。"

"应该尽量避免使用临时变量，这点非常重要。"

訓練数据和测试数据

In[4]:
```
Dtrain = D//2
index = np.random.permutation(range(D))
xtrain = xdata[index[0:Dtrain],:]
ttrain = tdata[index[0:Dtrain]]
xtest = xdata[index[Dtrain:D],:]
ttest = tdata[index[Dtrain:D]]
```

"把数据分成两部分，分别用于训练和测试。"

"如果在测试时碰到见过的问题，成绩就会变好。"

chainer 声明

In[5]:
```
import chainer.optimizers as Opt
import chainer.functions as F
import chainer.links as L
from chainer import Variable,Chain,config
```

"一般来说，这 4 个是必须使用 import 进行导入的。"

"这样可以利用 chainer 的一些便利功能。"

构建三层神经网络

In[6]:
```
C = np.max(tdata)+1
NN = Chain(l1=L.Linear(N,3),
            l2=L.Linear(3,3), l3=L.Linear(3,C))
```

"按这个趋势，多少层都没问题！"

"多尝试你就会知道，并不是越深越好。"

定义三层神经网络函数

In[7]:
```
def model(x):
    h = NN.l1(x)
    h = F.relu(h)
    h = NN.l2(h)
    h = F.relu (h)
    y = NN.l3(h)
    return y
```

"非线性变换使用 F.relu 就行了吧？"

"是的，这样梯度值不会变小，优化起来很容易。"

设置优化方法

In[8]:
```
optNN = Opt.Adam()
optNN.setup(NN)
```

"使用 Adam 的话，似乎很快就能结束优化。"

"再试试 MomentumSGD 和 AdaDelta 吧。"

准备保存学习记录的位置

In[9]:
```
train_loss = []
train_acc = []
test_loss = []
test_acc = []
```

"要按照训练数据和测试数据把记录部分分开。"

"如果误差没有顺利下降，就返回确认吧！"

结界内部的优化过程

In[10]:
```
T = 1000
for time in range(T):
    config.train = True
    optNN.target.zerograds ()
    ytrain = model(xtrain)
    loss_train = F.softmax_cross_entropy(ytrain,ttrain)
    acc_train = F.accuracy(ytrain,ttrain)
    loss_train.backward()
    optNN.update()                              （续）
```

"我绝对不会忘记初始化，要用 optNN.target.zerograds() 把所有梯度设置为 0。"

"也可以用 optNN.target.cleargrads()，它们会清除记录中的梯度。"

学习记录

```
（续）
    config.train = False
    ytest = model(xtest)
    loss_test = F.softmax_cross_entropy(ytest,ttest)
    acc_test = F.accuracy(ytest,ttest)
    train_loss.append(loss_train.data)
    train_acc.append(acc_train.data)
    test_loss.append(loss_test.data)
    test_acc.append(acc_test.data)
```

"这里的 loss_test 没有 backward() 吧？"

"这样做的话，就等于把测试题告诉正在学习的神经网络了！"

显示训练记录

In[11]:
```
Tall = len(train_loss)
plt.figure(figsize=(8,6))
plt.plot(range(Tall), train_loss)
plt.plot(range(Tall), test_loss)
plt.title("loss function in training and test")
plt.xlabel("step")
plt.ylabel("loss function")
plt.xlim([0,Tall])
plt.ylim([0,4])
plt.show()
```

"在输入 plt.show() 之前，可以叠加多个图表。"

"先画的图是蓝色，后画的图是橙色。"

显示成绩记录

In[12]:
```
plt.figure(figsize=(8,6))
plt.plot(range(Tall), train_acc)
plt.plot(range(Tall), test_acc)
plt.title("accuracy in training and test")
plt.xlabel("step")
plt.ylabel("accuracy")
plt.xlim([0,Tall])
plt.ylim([0,1.0])
plt.show()
```

 "识别精度中的 0 代表 0%，1.0 代表 100%，所以它的范围是 [0, 1.0]。"

 "没有结果输出的时候，可以试试调整这个范围。"

白雪公主的发现

数值比较多的时候，我是这样写的：

```
D,N = xdata.shape
```

其实也可以这样写：

```
temp = xdata.shape
```

这样写的话，就可以通过 temp[0] 和 temp[1] 得出各自的值。

第 **4** 章

尝试学习图像数据

王后也要说毁灭咒语

手写字符识别

疑似古代文明的遗迹，掩埋在遗迹中的魔镜。

操纵Python语，通过魔镜借助众神之力的古人。

还有在魔镜微调中大显身手的小矮人。

令人震惊的发现接连不断。凭借机器学习技术，魔镜变得越来越熟知这个世界。

今天，我们准备让魔镜继续学习新知识。

第 55 个调查日

我们成功让魔镜认出了字符。

这是一项被称为手写字符识别的技术，用于帮助魔镜正确识别人类手写的字符。我们请 scikit-learn 众神中的 datasets 神为我们提供了作为参考用的手写字符数据集。

读取数据集的方法和读取鸢尾花数据的方法相同。首先还是召唤出熟悉的众神。我们已经渐渐习惯神的简称了。

Chapter4-MNIST.ipynb

（魔法之语：读取模块）

```
import numpy as np

import matplotlib.pyplot as plt

import sklearn.datasets as ds
```

然后，召唤出被称为 MNIST 的手写字符数据集。

（魔法之语：读取 MNIST 数据）

```
MNIST = ds.load_digits()
xdata = MNIST.data.astype(np.float32)
tdata = MNIST.target.astype(np.int32)
```

其中，ds.load_digits() 和之前召唤出的鸢尾花数据有些不同，digits 可以处理 10 个数字。也不知道这些手写字符是谁写的，datasets 神在收集上的趣味还真有点特别。

我们试着调整了一下数据的大小。

（魔法之语：检查并显示数字排列形状）

```
D,N = xdata.shape
print(D,N)
```

结果显示，有 D=1797 个数据，每个数据由 N=64 个数字组成。手写字符的 10 个数值数据也是由 64 个数字组成的。这是什么意思呢？

通过下面的魔法之语，我们发现了古代文明中有关魔镜秘密的技术。

（魔法之语：显示图像数据）

```
plt.imshow(xdata[0,:].reshape(8,8))
plt.show()
```

我们拜托 pyplot 神显示出之前召唤的手写字符数据。

xdata[0,:] 表示第 1 个数据。加上 .reshape(8,8) 后，可以使数据排列为纵 8 × 横 8 的形式。

plt.imshow 准备将数值数据显示为图像，plt.show() 把结果显示在魔镜上。

 "纵向 8 个方块，横向 8 个方块，颜色都不相同。"

 "这到底是什么呢？"

 "啊，也许大家站远一点比较好。"

 "啊！看到了！是数字 0！！"

 "0！0！"

 "果然！"

 "每个方块被称为一个像素，每个像素的颜色和亮度都有一个对应的数值
可以调整。所有方块拼在一起就成了一个单一的图像。"

 "这个像素有点大，不好辨认。不过站远一点，图像变小后就能看出来了。"

"这些像素这么大，古人都是老花眼吗？"

"祖、祖先……真不容易啊……"

"这些像素的数据应该可以更精确吧？"

"是的。这位 datasets 神提供的 MNIST 是 8×8，比较模糊。"

"如果把图像看成是很多个像素方块，是不是就可以把它作为数值数据来处理呢？"

（魔法之语：显示标签）

```
print(tdata)
```

这样就可以看到从 0 到 9 排列存储的 10 个数字。

然后写下用于分割训练数据和测试数据的魔法之语。

利用 def 定义如下。

Chapter4-MNIST.ipynb

（魔法之语：自定义数据分割函数）

```
def data_divide(Dtrain,D,xdata,tdata):
  index = np.random.permutation(range(D))
  xtrain = xdata[index[0:Dtrain],:]
  ttrain = tdata[index[0:Dtrain]]
  xtest = xdata[index[Dtrain:D],:]
  ttest = tdata[index[Dtrain:D]]
  return xtrain,xtest,ttrain,ttest
```

在自定义的魔法之语中，如果函数存在多个数据或数值，可以用参数表示。参数排列在魔法名称后面的 "()" 里。另外，还可以在 return 后面指定返回值，控制魔法的运行结果。

"在用神经网络创建 def model(x) 的时候，我就有种预感，可以这么做。"

 "公主也是一位优秀的魔法师呀！"

 "魔法师！魔法师！"

 "没想到 Python 众神这么轻易地就把魔法力量借给我们了。"

其实，借助 Python 众神的力量，我们还可以自己创造魔法力量和魔法之语。比如分割训练数据和测试数据。

Chapter4-MNIST.ipynb

（魔法之语：使用自定义数据分割函数）

```
Dtrain = D//2
xtrain,xtest,ttrain,ttest = data_divide (Dtrain,D,xdata,tdata)
```

和识别鸢尾花时一样，指定 Dtrain=D//2，把约一半的数据作为训练数据。然后使用 data_divide (Dtrain,D,xdata,tdata) 得到指定的返回值 xtrain、xtest、ttrain、ttest。

接着把神经网络嵌入魔镜。经过很多次的尝试和失败，我们终于能够熟练地操作魔镜了。我们先从 chainer 众神中召唤出了 optimizers 神、functions 神和 links 神。对了，在嵌入神经网络时不要忘了导入有用的类，如 Variable 和 Chain。

Chapter4-MNIST.ipynb

（魔法之语：chainer 声明）

```
import chainer.optimizers as Opt
import chainer.functions as F
import chainer.links as L
from chainer import Variable,Chain,config
```

然后，按下面的方式设置嵌入的神经网络。我们把中间的星星数量设置成 20。

Chapter4-MNIST.ipynb

（魔法之语：构建双层神经网络）

```
C = tdata.max()+1
NN = Chain(l1=L.Linear(N,20), l2=L.Linear(20,C))
```

也可以用 tdata.max() 检索最大值。tdata 中包含了从 0 到 9 的数字，所以结果是 C=10。要识别的手写字符有 10 个，与其一致。

Chapter4-MNIST.ipynb

（魔法之语：定义双层神经网络函数）

```
def model(x):
  h = NN.l1(x)
  h = F.relu(h)
  y = NN.l2(h)
  return y
```

我们拜托 functions 神用 F.relu 在中间插入非线性变换。顺便说一下，如果想知道中间过程，可以借助 return y,h，而不是 return y。

Chapter4-MNIST.ipynb

（魔法之语：设置优化方法）

```
optNN = Opt.MomentumSGD()
optNN.setup(NN)
```

这次使用的是动量梯度下降法。也可以输入 Opt.Adam，使用自适应动量梯度下降法。

（魔法之语：准备保存学习记录的位置）

```
train_loss = []
train_acc = []
test_loss = []
test_acc = []
```

张开结界的方式和之前一样。

（魔法之语：结界内部的优化过程和学习成果记录）

```
T = 200
for time in range(T):
  config.train = True
  optNN.target.zerograds()
  ytrain = model(xtrain)
  loss_train = F.softmax_cross_entropy(ytrain,ttrain)
  acc_train = F.accuracy(ytrain,ttrain)
  loss_train.backward()
  optNN.update()

  config.train = False
  ytest = model(xtest)
  loss_test = F.softmax_cross_entropy(ytest,ttest)
  acc_test = F.accuracy(ytest,ttest)
  train_loss.append(loss_train.data)
  test_loss.append(loss_test.data)
  train_acc.append(acc_train.data)
  test_acc.append(acc_test.data)
```

输出结果和之前完全一样，所以为了简便起见，我们定义了自己的魔法。

Chapter4-MNIST.ipynb

（魔法之语：自定义并排绘制两个结果的函数）

```python
def plot_result2(result1,result2,title,xlabel,ylabel,
                 ymin=0.0,ymax=1.0):
    Tall = len(result1)
    plt.figure(figsize=(8,6))
    plt.plot(range(Tall), result1)
    plt.plot(range(Tall), result2)
    plt.title(title)
    plt.xlabel(xlabel)
    plt.ylabel(ylabel)
    plt.xlim([0,Tall])
    plt.ylim([ymin,ymax])
    plt.show()
```

我们创造了一个把 result1 和 result2 重叠显示的魔法之语。

title、xlabel、ylabel 可以随意取名。

另外，在 ymin=0.0 和 ymax=1.0 的位置，我们把参数设置成了默认值。

如果没有设置上述参数的值，就会显示 0.0 ~ 1.0 的结果。

如果在利用这个魔法时重新设置了上述参数的值，就会显示指定的数值区间内的结果。

我们利用这个自定义魔法，按下面的方式显示出了结果。

Chapter4-MNIST.ipynb

（魔法之语：显示学习记录和成绩记录）

```python
plot_result2(train_loss,test_loss,"loss function","step",
             "loss function",0.0,4.0)
plot_result2(train_acc,test_acc,"accuracy","step","accuracy")
```

我们把误差函数的 ymin 设置为 0.0，ymax 设置为 4.0，但不更改识别精度的 ymin 和 ymax，这是因为我们希望识别精度的结果显示在默认值 0.0 ~ 1.0 之间。果然，显示出来的结果正如我们希望的那样。

"厉害。95%！这个魔镜竟然还会识别手写字符？"

"只要把字符形状作为图像数据以数值的形式输入魔镜，魔镜就可以通过机器学习把它识别出来。"

"我想试试让魔镜学习更大的图像。这方面似乎要请教 chainer 众神。"

不仅是 scikit-learn 的众神，chainer 的众神中也有知识渊博的神——datasets 神，该神能够召唤出一些已经被用于机器学习的数据集。

datasets 神似乎能够把指定的数据集从遥远的知识之泉送入魔镜。知识之泉的所在地被认为是古代文明的核心，可是我们并不知道它在哪里。

> **Chapter4-MNIST.ipynb**
>
> （魔法之语：准备读取大型数据集）
>
> import chainer.datasets as ds

这次召唤的不是 import sklearn.datasets as，而是 chainer 众神中的 datasets 神。

接下来需要一些特殊的魔法来召唤数据。

> **Chapter4-MNIST.ipynb**
>
> （魔法之语：读取 MNIST 数据）
>
> train,test = ds.get_mnist()

MNIST 数据需要通过 ds.get_mnist() 拜托 datasets 神进行获取。刚开始的时候，魔镜会闭上眼睛专心记录这些数据，这可能需要花费一段时间，不过在下次提取的时候，魔镜可以立刻调出这些数据，因为它们已经保存在魔镜的记忆里了。

可是魔镜记录数据并不是像我们一样一页一页地写下来，它的方法对我们来说实在太过抽象。看来古代文明可以把知识存储在我们看不见的地方。

但是，如果我们像以前一样检查数据的形状，就会发现它确实存储在魔镜里面。

"世界上真的有知识之泉吗？完全感知不到。"

"只要一句魔法之语，就能记住各种事情？还能回忆出来？真是方便啊。"

"方便！方便！"

"虽然感知不到，但是应该被放进魔镜里面了吧？"

"大，大概吧。"

"是的，一点儿不差地印在我的记忆里了！大家的大脑不也一样吗？有的东西虽然肉眼看不见，却被保存在大脑里的某个地方！"

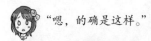"嗯，的确是这样。"

我们已经把 datasets 神赐予的数据分成了训练用数据 train 和测试用数据 test。这些数据包括作为输入使用的图像数据 xtrain,xtest 和作为输出的参考数据 ttrain,ttest。古书上记载，chainer 众神中的 convert 神会帮我们分开这些数据。

Chapter4-MNIST.ipynb

（魔法之语：输入和提取标签）

```
import chainer.dataset.convert as con
xtrain,ttrain = con.concat_examples(train)
xtest,ttest = con.concat_examples(test)
```

magic!

我们把 convert 神简称为 con。然后拜托这位 convert 神，哦，不对，应该是小 con，利用 concat_examples 魔法将数据分类。

结果，数据就分成了两组，变成了我们之前见过的 xtrain、ttrain 和 xtest、ttest，这样使用起来就方便多了。

"试试吧。我想想，既然我们有分好的训练数据和测试数据，那就看看 xtrain 吧。用 Dtrain 和 N 看下数据形状。这个 MNIST 的大小大概是多少呢？"

"应该是 28 × 28。这样的话，N 就是 784。"

"也就是说，要用 reshape(28,28) 整理一下了。"

Chapter4-MNIST.ipynb

（魔法之语：显示数据形状和 MNIST original 的一张图像）

```
Dtrain,N = xtrain.shape
print(Dtrain,N)
plt.imshow(xtrain[0,:].reshape(28,28))
plt.show()
```

 "哇哇！好厉害！"

 "漂亮！漂亮！"

 "显示的图像像素是 28×28，所以看着比刚才的图像更清晰、更精细。"

 "似乎像素数量越多，图像就越精细、越美丽。但是相应地，神经网络处理的数据规模也越大。"

 "魔镜的微调也越辛苦。"

 "辛苦！辛苦！"

 "看来需要想出一个好办法。"

果然不出所料。

当神经网络被直接嵌入魔镜进行识别时，学习过程并不顺利。因为神经网络变得非常复杂，各个部分相互影响，可谓牵一发而动全身。我们在进一步解读古书后发现，有一种叫作批量标准化的方法，可以一边整理中间结果，一边学习。

```
Chapter4-MNIST.ipynb（导入批量标准化）
（魔法之语：构建双层神经网络并函数化）
C = ttrain.max()+1


NN=Chain(l1=L.Linear(N,400),l2=L.Linear(400,C),
        bnorm1=L.BatchNormalization(400))


def model(x):
  h = NN.l1(x)
  h = F.relu(h)
  h = NN.bnorm1(h)
  y = NN.l2(h)
  return y
```

这个方法和之前设置的神经网络几乎一模一样，可是由于一开始就不存在tdata，所以我们把它改成从 ttrain 中取最大值，使之成为 C=10。

另外，中间要加上 bnorm1=L.BatchNormalization(400)。

这就是在神经网络中导入批量标准化的方法。看来，除了线性变换和非线性变换以外，神经网络中还存在各种各样的操作。其中之一就是批量标准化，它可以在各种数据一次又一次的变换过程中，对中间结果进行整理，从而稳定学习过程。"()"中的数字会根据准备的中间结果的数量相应变化。在这个例子中，我们创建的神经网络从 N=784 缩小到 N=400，最终进行 C=10 个识别，所以设置了 400这个数字。

批量标准化的使用方法是在嵌入神经网络时输入 h = NN.bnorm1(h)。这小小的一步，极大地改善了神经网络的性能。

另外，张开结界的方法和之前完全相同。于是我们定义了下面的自定义魔法。

```
Chapter4-MNIST.ipynb
（魔法之语：自定义张开识别结界的函数）
def learning_classification(model,optNN,data,result,T=50):
⇨ for time in range(T):
⇨⇨ config.train = True
   optNN.target.zerograds()
   ytrain = model(data[0])
   loss_train = F.softmax_cross_entropy(ytrain,data[2])
   acc_train = F.accuracy(ytrain,data[2])
   loss_train.backward()
   optNN.update()

   config.train = False
   ytest = model(data[1])
   loss_test = F.softmax_cross_entropy(ytest,data[3])
   acc_test = F.accuracy(ytest,data[3])
   result[0].append(loss_train.data)
   result[1].append(loss_test.data)
   result[2].append(acc_train.data)
   result[3].append(acc_test.data)
```

magic!

在这里，我们准备了参数 data 和 result。

其中，假定 data = [xtrain,xtest,ttrain,ttest] 包含训练数据和测试数据。用 "[]" 括起来的数据被称为列表，可以集中处理多个数据。如果是 data[0]，就代入 xtrain；如果是 data[1] 就代入 xtest。

所以更改之前的写法，把结界中的 xtrain 改为 data[0]，xtest 改为 data[1]。

另外，通过 result = [train_loss,test_loss,train_acc,test_acc] 集中处理并列的学习记录。

参数 T=50 表示默认进行 50 次学习。

在导入批量标准化的方法时，config.train = True 和 config.train = False 的更改非常重要。因为一部分魔法（包括批量标准化）在被直接用于训练数据和测试数据时会得出不同的结果。为了避免出现混乱，就需要在 config.train 中给出明确的命令。

在使用我们自己创造的这个魔法之前，按下面的方式提前准备一个位置，用于保存数据和学习记录。

Chapter4-MNIST.ipynb

（魔法之语：设置优化方法）

```
optNN = Opt.MomentumSGD()
optNN.setup(NN)
```

（魔法之语：准备保存数据和学习记录的位置）

```
train_loss = []
train_acc = []
test_loss = []
test_acc = []
data = [xtrain,xtest,ttrain,ttest]
result = [train_loss,test_loss,train_acc,test_acc]
```

做完上面的准备工作后，按下面的方式张开结界。

Chapter4-MNIST.ipynb

（魔法之语：使用张开结界的自定义函数）

```
learning_classification(model,optNN,data,result)
```

如果要设置学习时间的长短，就把时长数值加在最后。例如，如果要学习100次，就是 learning_classification(model,optNN,data,result,100)

通过这种方式，只要提供神经网络和数据，识别就能自动完成。今后，各种数据的识别任务都可以使用上面的自定义函数。

显示结果使用的魔法之语如下所示。

"使用了批量标准化技术后，误差函数下降得很顺畅，识别精度也在稳步提高。"

 "没有使用这个技术进行学习的时候，识别精度总是很难提高。"

 "真方便！真方便！"

"有时候，与其把神经网络复杂化，还不如用这种方式来实现大幅度的改善。"

"先整理数据，然后再学习。难道这就是'乱糟糟的房间里培养不出智慧'的意思？"

"爷爷经常这么说。所以我会经常整理房间。"

"整理！整理！"

"难道，你们是在说批量标准化？"

"难道……"

古代文明也对这种技术进行了深入的研究。当时最新的研究成果是批量再标准化（batch renormalization）。在训练数据数量较少，或者学习的数据相似时，批量再标准化比批量标准化（batch normalization）表现得更好。

由于批量再标准化在 chainer 众神中被划分为新兴力量，所以只有 version 4以上级别的神才能使用。

它的安装过程非常简单，只要按下面的方式操作就行了。

（魔法之语：批量再标准化）

```
bnorm1 = BatchNormalization(400)
```

⬇ 改写

```
bnorm1 = BatchRenormalization(400)
```

我们准备讨论一下怎样利用这个新兴力量。

现代小矮人

 "不管怎么说，我们的祖先不仅会微调魔镜，还能熟练地操纵神经之类的东西，真是令人佩服啊！"

 "说不定你们也能优化神经网络呢。"

 "我要试！我要试！"

 "不可能吧。我们可不会操纵魔法。"

 "小矮人并不是自己在操纵魔法。只要掌握了借助众神力量的魔法之语，任何人都可以操纵魔法。只要有足够的人手来对魔镜进行微调就行了。"

 "噢。真的吗？"

 "我做了一些研究，发现魔镜的微调工作可以借助同伴的力量。"

 "你说的同伴，是指我们吗？"

 "你们擅长画画，而且特别擅长画一些简单漂亮的重复性图案，不是吗？"

 "擅长！擅长！"

 "画画和镜子的微调有什么关系吗？"

 "我想，既然你们能画出简单漂亮的重复性图案，那就同样可以做到对魔镜的重复性微调。"

"虽然不知道能不能做好，不过试试看吧！"

 "好！那大家就站到魔镜旁边吧。首先，把神经网络嵌入魔镜，然后……"

gpu-device=0　　　gpu-device=2

gpu-device=1

现代小矮人，GPU 这个职业工匠出场了！

绘图专家大展身手！

第 57 个调查日

我想，有了现代小矮人协助我们，对古代文明技术的结晶——魔镜进行微调，神经网络的学习应该可以突飞猛进。

之前一直在旁边观察的现代小矮人一定能帮上忙。毕竟他们的身材都差不多嘛。

为了和小矮人的祖先顺利接洽工作内容，我们在召唤 chainer 众神的时候，还召唤出了作为接洽员的 cuda 神。

在 Chapter4-MNIST.ipynb 后追加

（魔法之语：使用 GPU ）

```
from chainer import cuda
gpu_device = 0
cuda.get_device(gpu_device).use()
NN.to_gpu()
```

这样，使用 GPU 的准备工作就完成了。如果有多名 GPU 工匠，那么 gpu_device 可以取 0 以外的值。例如，设置 gpu_device=1，表示第 2 个小矮人参加了微调。注意，这里也使用了 Python 语独特的计数方式。

 "嗯？嗯？"

 "恐怕这是神经网络在你头脑中生成的图像。"

 "星座！星座！"

 "怎么回事啊？"

 "我用 NN.to_gpu 魔法给他传输了要优化的神经网络。"

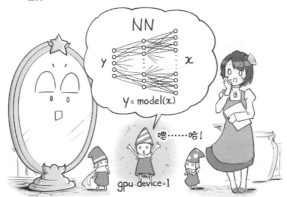

只需要 NN.to_gpu 就能使用了！

请 GPU 帮忙吧！！

127

"什么？！"

"看见啦！看见啦！"

"接下来只需要把数据传给它就行了。"

更改 Chapter4-MNIST.ipynb

（魔法之语：转发数据给 GPU ）

```
data = [xtrain,xtest,ttrain,ttest]
```

```
data = cuda.to_gpu([xtrain,xtest,ttrain,ttest],gpu_device)
```

"数据！数据！"

"难道已经将手写字符的数据传输给它了吗？"

"cuda 神会用他们容易理解的形式传输数据和神经网络结构。"

"也就是说，有了 cuda 神的帮助，我们也能对魔镜进行微调？"

"赶紧试试看吧！

再次运行 Chapter4-MNIST.ipynb

```
optNN = Opt.MomentumSGD()
optNN.setup(NN)
```

和之前一样选择优化方法，写下如下魔法之语张开结界。

```
learning_classification(model,optNN,data,result)
```

"简单！简单！"

"以前只要召唤 optimizer 神，祖先都会在魔镜里面现身……"

"这次怎么没有现身呢？"

"因为现代小矮人（GPU）代替祖先进行优化了呀。"

"公主啊，刚才我就很疑惑，那个 GPU 到底是什么呀？"

"现代专业技术集团，英文名为 Gendai Professional Unit，简称为 GPU！"

"呃，听起来不怎么样啊。我觉得 Graphics Processing Unit 更好，毕竟我们擅长画画嘛。"

"啊，确实。那就取这个名字吧。"

"GPU！GPU！"

"呀，挺能干嘛！一眨眼就完成了神经网络的优化！"

"你们就专心做神经网络优化，各位祖先就辛苦总结一下整体的工作。给各位祖先取个现代的名字吧，就叫 Central Processing Unit，简称为 CPU！"

"好酷哦！"

为了更好地利用 GPU，要注意它和 CPU 之间的数据交换。在通过 to_gpu 把数据从魔镜传输给现代小矮人时，居住在魔镜里的古代小矮人 CPU 也有工作要做，所以一定要分配好数据。

古代小矮人的记忆容量很大，而且在各种任务上经验丰富，相对来说，现代小矮人的记忆容量较小，更擅长画图。所以，我们用 cuda.to_cpu 把数据传输给记性好的古代小矮人，让他们负责记录自定义魔法中的结果。

更改 Chapter4-MNIST.ipynb

（魔法之语：自定义张开识别结果的函数）

```
def learning_classification(model,optNN,data,result,T=10):
    for time in range(T):
        config.train = True
        optNN.target.cleargrads()
        ytrain = model(data[0])
        loss_train = F.softmax_cross_entropy(ytrain,data[2])
        acc_train = F.accuracy(ytrain,data[2])
        loss_train.backward()
        optNN.update()

        config.train = False
        ytest = model(data[1])
        loss_test = F.softmax_cross_entropy(ytest,data[3])
```

```
⇨⇨ acc_test = F.accuracy(ytest,data[3])
   result[0].append(cuda.to_cpu(loss_train.data))
   result[1].append(cuda.to_cpu(loss_test.data))
   result[2].append(cuda.to_cpu(acc_train.data))
   result[3].append(cuda.to_cpu(acc_test.data))
```

如果使用 cleargrads 代替 zerograds，还可以删除计算记录，有利于确保足够的存储容量。

4-3 总结自定义魔法

我们决定总结一下之前记录的自定义魔法。

和 chainer 众神的魔法集一样，总结的自定义魔法也可以保存在魔镜中。

之前，在我们请 jupyter notebook 神帮忙写魔法之语的时候，是从 Notebook 栏中选择 Python 3，不过这次要从 New 下拉列表中选择 Other 栏中的 Text File。

还可以把魔法之语的名称换成我们自己取的名称。

"我们的魔法集名称……"

 "比如'白雪公主 greatest hits'……"

 "不要叫我白雪公主!"

 "'魔法'!'魔法'!"

 "太简单了!"

 "那么,可爱的 princess 怎么样?"

 "嗯……"

如果在我们自己取的名称后面加上 .py,就可以设计一个收集自定义魔法的模块,如 princess.py。我们在这个模块中列出之前创造的魔法之语,还有在各个魔法中召唤众神时的语言。

下面就是迄今为止我们创造的魔法之语。

```
(魔法之语: 设计自定义模块)
princess.py
import numpy as np
import matplotlib.pyplot as plt

import chainer.optimizers as Opt
import chainer.functions as F
import chainer.links as L

from chainer import Variable,Chain,config,cuda
```

```
def data_divide (Dtrain,D,xdata,tdata):
  index = np.random.permutation(range(D))
  xtrain = xdata[index[0:Dtrain],:]
  ttrain = tdata[index[0:Dtrain]]
  xtest = xdata[index[Dtrain:D],:]
  ttest = tdata[index[Dtrain:D]]
  return xtrain,xtest,ttrain,ttest

def plot_result2(result1,result2,title,xlabel,ylabel,
                 ymin=0.0,ymax=1.0):
  Tall = len(result1)
  plt.figure(figsize=(8,6))
  plt.plot(range(Tall), result1)
  plt.plot(range(Tall), result2)
  plt.title(title)
  plt.xlabel(xlabel)
  plt.ylabel(ylabel)
  plt.xlim([0,Tall])
  plt.ylim([ymin,ymax])
  plt.show()

def learning_classification(model,optNN,data,result,T=10):
  for time in range(T):
    config.train = True
    optNN.target.cleargrads()
    ytrain = model(data[0])
    loss_train = F.softmax_cross_entropy(ytrain,data[2])
    acc_train = F.accuracy(ytrain,data[2])
    loss_train.backward()
```

```
optNN.update()

config.train = False
ytest = model(data[1])
loss_test = F.softmax_cross_entropy(ytest,data[3])
acc_test = F.accuracy(ytest,data[3])
result[0].append(cuda.to_cpu(loss_train.data))
result[1].append(cuda.to_cpu(loss_test.data))
result[2].append(cuda.to_cpu(acc_train.data))
result[3].append(cuda.to_cpu(acc_test.data))
```

"总结之后才发现，原来我们已经制作了这么多函数。"

"难道公主已经修炼成神了？"

"神！神！"

"这样就能使用公主的魔法了吗？"

"嗯。把 princess.py 放入魔镜中后，就能像召唤其他神一样把它召唤出来了。"

召唤自定义模块的方法和召唤众神时一样。

（魔法之语：召唤自定义模块）

```
import princess as ohm
```

注意，如果在这个过程中收集自定义魔法的模块发生了变化，就必须按下 c 按钮，请 jupyter notebook 神重新举行仪式。

"ohm？为什么简称是鹦鹉① 呢？"

 "我喜欢鹦鹉。所以把它变成了好听的英文。"

 "鹦鹉！鹦鹉！"

 "可是鹦鹉的英文……"

 "咦？错了吗？"

咦？
错了吗？！

鹦鹉应该是
parrot……

---

① 译者注：在日语中，"鹦鹉"的发音与"欧姆"相同。

4-4 挑战时尚识别

第 59 个调查日

我们发现，在机器学习中使用便利的自定义模块可以提高任务的执行效率。现在，我们只需要一些适当的数据就可以离古代文明更近一步。幸运的是，有chainer众神中的博学神datasets帮忙，我们很轻松地就准备好了需要的数据。

 "啊，这是，fashion_mnist。"

 "fashion？"

 "时尚！时尚！"

 "服饰之类的时尚吗？"

 "可以看到古人的服饰，真有趣！我们试试看吧！"

首先是准备工作。

根据之前的经验记下需要使用的模块组。

Chapter4-fashion_MNIST.ipynb

（魔法之语：读取基础模块和自定义魔法集）

```
import numpy as np
import matplotlib.pyplot as plt
```

```
import chainer.optimizers as Opt
import chainer.functions as F
import chainer.links as L
import chainer.datasets as ds
import chainer.dataset.convert as con
from chainer import Variable,Chain,config,cuda

import princess as ohm
```

最后一行 import princess as ohm 是昨天创造的收集自定义魔法的模块，使用时简称为 ohm。

Chapter4-fashion_MNIST.ipynb
（魔法之语：读取 fashion_mnist 数据集）
```
train,test = ds.get_fashion_mnist()
xtrain,ttrain  = con.concat_examples(train)
xtest,ttest   = con.concat_examples(test)
```

我们请 datasets 神读取了 fashion_mnist 数据集。现在，训练数据和测试数据混杂在一起，所以要把它们分成 xtrain、ttrain 和 xtest、ttest。

Chapter4-fashion_MNIST.ipynb
（魔法之语：显示数据形状和一张图像）
```
Dtrain,N = xtrain.shape
print(Dtrain,N)
plt.imshow(xtrain[0,:].reshape(28,28))
plt.show()
```

结果显示，Dtrain=60000，N=784。这意味着有 60000 张时尚图像，每张图像的数据有 784 个像素。数据的尺寸为纵 28 × 横 28，和识别手写字符的 MNIST 数据的大小相同。

我们查看了一张图像的数据，结果出现了一张袜子形状的图像。

"这是古人的袜子吗？"

"不，应该是鞋子。再看看其他的……ttrain 里的数值是 0～9，所以有 10
个种类。0 表示 T-shirt/top 吗？什么意思呢？上衣吗？1 是裤子，2 是毛衣？
3 是裙子，4 是外套，5 是凉鞋，6 是衬衫，7 是运动鞋。运动鞋是什么？！
8 是包包，但是和我们的完全不同。9 是长靴，我喜欢这个。"

"嗯，果然和我们的东西很不一样。"

"用这种方式，我们就能对古代人的生活一窥究竟啦。这个数据集倒蛮有
意思的。可是这么丰富的图像是怎么得来的呢？"

"啊，你们的王国还没有发明摄影吗？"

"摄影？？"

"在我出生的时候，数字化技术已经很成熟了，大家都用图像数据来保存风景，或者记录身边发生的事情。难道现在连胶卷相机都还没有发明吗？"

"你是说把看到的风景保存为图像？"

"嗯，是的。咦？你真的不知道？"

"好，好厉害的技术啊！真的好方便呀……"

"怎，怎么啦，公主？"

"试想一下，能够把这个世界上所有的东西——万事万物，全都记录和保存下来，这简直太美妙了！不仅可以留住曾经看过的风景，而且可以把辛苦做好的饭菜在吃掉之前留住它们的图像，还能留住只有在晴朗的夜晚才能见到的美丽星空！"

"还有，再也不用从王宫的图书馆里拿书了。"

"嘘……这个不能提！"

为了处理 fashion_ mnist 数据集，我们在魔镜中嵌入了下面的神经网络。

```
Chapter4-fashion_MNIST.ipynb
（魔法之语：构建双层神经网络并函数化）
C = ttrain.max()+1


NN = Chain(l1=L.Linear(N,400),l2=L.Linear(400,C),
           bnorm1 = L.BatchNormalization(400))

def model(x):
  h = NN.l1(x)
  h = F.relu(h)
  h = NN.bnorm1(h)
  y = NN.l2(h)
  return y
```

我们决定像使用手写字符数据集一样使用神经网络。

在把神经网络嵌入魔镜后，我们使用了 GPU。虽然 CPU 也能执行优化，但是 GPU 的优化效率更高，眨眼之间就能完成任务。

```
Chapter4-fashion_MNIST.ipynb
（魔法之语：设置 GPU）
gpu_device = 0
cuda.get_device(gpu_device).use()
NN.to_gpu()
```

然后，和之前一样设置优化方法，准备保存数据和学习记录的位置。

```
Chapter4-fashion_MNIST.ipynb
```
（魔法之语：设置优化方法）
```
optNN = Opt.MomentumSGD()
optNN.setup(NN)
```
（魔法之语：准备保存数据和学习记录的位置）
```
train_loss = []
train_acc = []
test_loss = []
test_acc = []
result = [train_loss,test_loss,train_acc,test_acc]
data = cuda.to_gpu([xtrain,xtest,ttrain,ttest],gpu_device)
```

到了这一步，终于可以使用收集自定义魔法的模块中的自定义魔法了。
我们按下面的方式使用张开结界的自定义魔法。

```
Chapter4-fashion_MNIST.ipynb
```
（魔法之语：在自定义模块中张开结界并进行学习）
```
ohm.learning_classification(model,optNN,data,result,100)
```

```
Chapter4-fashion_MNIST.ipynb
```
（魔法之语：显示自定义模块的学习结果）
```
ohm.plot_result2(result[0],result[1],"loss function","step",
                "loss function",0.0,4.0)
ohm.plot_result2(result[2],result[3],"accuracy","step","accuracy")
```

 "……我的魔法，好像……运行成功了？"

 "厉害！鹦鹉神降临！"

 "鹦鹉！鹦鹉！"

 "那只鸟……鹦鹉……"

 "太尴尬了，不要再说啦！"

白雪公主的发现

我发现还有这样的写法。

在 config.train=True 和 config.train=False 需要改写的地方，

不用写 from chainer import config，

而是通过 import chainer 先读取其他模块，

删除所有 config.train ！

这样就只对测试数据进行计算。只需写成下面这样就行了。

```
with chainer.using_config("train", False), \
        chainer.using_config("enable_backprop", False):
    ytest = model(xtest)
```

我还增加了一个防止额外计算的咒语。

用 with 设置一个特殊位置，其他魔法只会在这个位置产生作用。

如果条件比较长，可以用 "\" 进行换行，非常方便哦。

王后的学习笔记 4
自定义神经网络函数

princess.py

设计自定义模块

In[1]:
```python
import numpy as np
import matplotlib.pyplot as plt


import chainer.optimizers as Opt
import chainer.functions as F
import chainer.links as L
from chainer import Variable,Chain,config,cuda


def data_divide(Dtrain,D,xdata,tdata):
    index = np.random.permutation(range(D))
    xtrain = xdata[index[0:Dtrain],:]
    ttrain = tdata[index[0:Dtrain]]
    xtest = xdata[index[Dtrain:D],:]
    ttest = tdata[index[Dtrain:D]]
    return xtrain,xtest,ttrain,ttest

def plot_result2(result1,result2,title,xlabel,ylabel,
                 ymin=0.0,ymax=1.0):
    Tall = len(result1)
    plt.figure(figsize=(8,6))
    plt.plot(range(Tall), result1)
    plt.plot(range(Tall), result2)
```

```
⇨   plt.title(title)
    plt.xlabel(xlabel)
    plt.ylabel(ylabel)
    plt.xlim([0,Tall])
    plt.ylim([ymin,ymax])
    plt.show()


def learning_classification(model,optNN,data,
                            result,T=10):
    for time in range(T):
        config.train = True
        optNN.target.cleargrads()
        ytrain = model(data[0])
        loss_train = F.softmax_cross_entropy(ytrain,data[2])
        acc_train = F.accuracy(ytrain,data[2])
        loss_train.backward()
        optNN.update()

        config.train = False
        ytest = model(data[1])
        loss_test = F.softmax_cross_entropy(ytest,data[3])
        acc_test = F.accuracy(ytest,data[3])
        result[0].append(cuda.to_cpu(loss_train.data))
        result[1].append(cuda.to_cpu(loss_test.data))
        result[2].append(cuda.to_cpu(acc_train.data))
        result[3].append(cuda.to_cpu(acc_test.data))
```

"在自定义模块中，同样需要在开始处写下一些必备的东西。"

"顺便说一下，在自定义魔法中，设置默认值的参数要放在最后面。"

读取基础模块和自定义魔法集

In[2]:
```
import numpy as np
import matplotlib.pyplot as plt

import chainer.optimizers as Opt
import chainer.functions as F
import chainer.links as L
import chainer.datasets as ds
import chainer.dataset.convert as con
from chainer import Variable,Chain,config,cuda

import princess as ohm
```

 "召唤出 cuda 就能使用 GPU。"

 "导入非常简单，一定要试试哦！"

读取时尚 MNIST 数据集

In[3]:
```
train,test = ds.get_fashion_mnist()
xtrain,ttrain = con.concat_examples(train)
xtest,ttest = con.concat_examples(test)
```

确认数据大小并显示结果

In[4]:
```
Dtrain,N = xtrain.shape
print(Dtrain,N)
plt.imshow(xtrain[0,:].reshape(28,28))
plt.show()
```

 "从 datasets 中可以召唤出各种各样的数据。"

"这一步也可以使用自己的图像数据集。"

构建双层神经网络并函数化

In[5]:
```
C = ttrain.max()+1
NN = Chain(l1=L.Linear(N,400), l2=L.Linear(400,C),
          bnorm1 = L.BatchNormalization(400))


def model(x):
    h = NN.l1(x)
    h = F.relu(h)
    h = NN.bnorm1(h)
    y = NN.l2(h)
    return y
```

"BatchNormalization 有助于学习的稳定性。"

"这是最近几年发生的一场重大革命。"

设置 GPU

In[6]:
```
gpu_device = 0
cuda.get_device(gpu_device).use()
NN.to_gpu()
```

"使用 to_gpu 把神经网络转发给 GPU 吧！"

"如果没有 GPU，可以跳过这一步。"

设置优化方法

In[7]:
```
optNN = Opt.MomentumSGD()
optNN.setup(NN)
```

准备保存数据和学习记录的位置
```
train_loss = []
train_acc = []
test_loss = []
test_acc = []
result = [train_loss,test_loss,train_acc,test_acc]
data = cuda.to_gpu([xtrain,xtest,ttrain,ttest],gpu_device)
```

"别忘了用 cuda.to_gpu 将数据转发给 GPU。"

"如果没有 GPU，就去掉 cuda.to_gpu()。"

在自定义模块中张开结界并显示结果

In[8]:
```
ohm.learning_classification(model,optNN,data,
                            result,100)
ohm.plot_result2(result[0],result[1],"loss function",
                "step","loss function",0.0,4.0)
ohm.plot_result2(result[2],result[3],"accuracy","step",
                "accuracy")
```

"使用时可以更改参数的默认值！"

"使用自定义模块，写起来就是这么简单！"

第 **5** 章

预测未来

被数据愚弄的白雪公主

5-1 从识别到回归

到目前为止，我们研究的重点都是被称为"识别"的技术。

其实，我们还可以依照同样的操作步骤运用被称为"回归"的技术。

所谓回归，就是指如果某个数据处于变化之中，而且这种变化具有某种规律，就可以根据一定的提示来预测符合这种变化规律的数据。回归可以用于季节引起的变化，或者预测在一定程度上遵循相同规律的变化。如果某个数据的值随时间等变量变化，它们之间就具有函数关系，回归的作用就是揭示这种函数关系。我们试着制作了实验数据，运用了回归技术，下面记录一下过程。

首先，和之前一样召唤出快要成为我们的好朋友的众神。

```
Chapter5.ipynb
（魔法之语：读取基础模块和自定义魔法集）
import numpy as np
import matplotlib.pyplot as plt

import chainer.optimizers as Opt
import chainer.functions as F
import chainer.links as L
from chainer import Variable,Chain,config

import princess as ohm
```

然后，用 np.linspace(–5.0,5.0,D) 准备 –5.0 ~ 5.0 之间的 D 个数值。

```
Chapter5.ipynb
```
（魔法之语：准备等间隔数值）
```
D = 100
ndata = np.linspace(-5.0,5.0,D)
```

生成等间隔数值时，可以使用 np.linspace 指定第一个数值、最后一个数值以及数值的个数。如果设置的不是数值个数而是间隔数，也可以使用 np.arange(第一个数值, 最后一个数值, 间隔数)。如果使用的是 linspace，在输入最后一个数值后将显示排列好的等间隔数值，如果使用的是 arange，注意不能输入最后一个数值。

接下来制作假设具有一定规律的人工数据。使用下面的魔法之语，利用大名鼎鼎的周期性函数——sin 函数（正弦函数）来制作合适的数据。真没想到，以前在学校学过的 sin 函数竟会在这里派上用场。

```
Chapter5.ipynb
```
（魔法之语：利用函数制作合适的数据）
```
N = 1
xdata = ndata.reshape(D,N).astype(np.float32)
tdata = (np.sin(ndata)+np.sin(2.0*ndata))\
        .reshape(D,N)..astype(np.float32)
```

为了看出是哪一种函数关系，可以向 pyplot 神请求帮助。

```
Chapter5.ipynb
```
（魔法之语：函数的图示）
```
plt.plot(xdata,tdata)
plt.show()
```

这样就绘制出了由上下反复变动的正弦波组成的复杂图形。

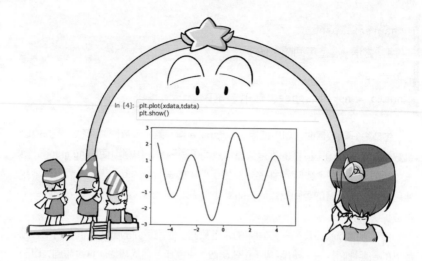

```
In [4]:  plt.plot(xdata,tdata)
         plt.show()
```

　　在回归中，这个图形的数据只有一部分被用作训练数据，也就是说，只会抽取其中一部分数据用于训练。这次我们要挑战的就是确定神经网络能否根据抽取的这部分数据准确绘制出剩下那部分数据的形状。

　　回归的方式是输入训练数据中的 xdata，然后尽可能正确地输出 tdata。如果能做到这一点，就表示魔镜能够学习数据的规律，也就有望能够预测未来。

　　在进行回归时，由于 tdata 的数值有很多位小数，所以要加上 .astype(np.float32)。这一点与识别不同。

　　np.float32 模式的处理对象是被称为浮点数的精确数值，np.int32 模式的处理对象是整数。在识别时，我们用 0、1、2 等整数来表示所属的类别，而在回归时，我们要使用含小数的精确数值 np.float32。

"有了这个回归技术，我们就能知道星星的运行规律了。"

"知道规律以后，还能预测星星的行踪。"

"规律！规律！"

"如果这个规律保持不变的话，的确有希望。"

仅凭手中的数据，就能找出函数吗？

这正是回归的目标！

 "星星的运行一直遵循特定的规律，所以希望很大。"

 "好像还可以预测和季节相关的周期性现象。"

　　我们按下面的方式构建好了神经网络。1 个输入对应 1 个输出，所以 C=1。在放置中间计算结果的位置排列 H=20 个结果。

```
Chapter5.ipynb
（魔法之语：构建回归神经网络并函数化）
C = 1
H = 20
NN = Chain(l1=L.Linear(N,H),l2=L.Linear(H,C),
           bnorm1 = L.BatchNormalization(H))
```

```
def model(x):
    h = NN.l1(x)
    h = F.relu(h)
    h = NN.bnorm1(h)
    y = NN.l2(h)
    return y
```

 "输入只有 N=1 个吗？"

 "是的。输出也只有 C=1 个。"

 "那为什么会有 20 个不同的中间计算结果呢？"

 "嗯。由于某种原因？"

 "既然 1 个输入对应 1 个输出，那为什么中间计算结果不是 1 个呢？我记得在识别的时候，输入的数量和输出的数量都很多呀。"

 "现在我们对背后的规律一无所知，所以要做各种各样的尝试，把不同的计算结果组合起来，也许能找到一些线索。"

 "啊，20 个中间计算结果都是用不同的计算方法得出的吗？"

 "是的。我在构建了神经网络后发现，只要输入 NN.l1.W.data，就能知道权重的组合方式。"

 "权重！权重！"

 "NN 的 l1 的 W，是吗？"

"W 表示神经网络目前的状态，其中的 data 表示权重的值。在准备 NN 构建神经网络的时候，一个具有 W 和 data 值的神经网络就诞生了。"

 "刚刚诞生的神经网络长什么样呢？"

 "这个嘛，它的权重很混乱。例如，现在的神经网络就是下面这种感觉。"

（魔法之语：调整神经网络的状态）

```
print(NN.l1.W.data)
```

 "顺便说一句，使用下面的魔法之语可以查看刚刚诞生的神经网络的梯度。"

（魔法之语：显示神经网络的梯度）

```
print(NN.l1.W.grad)
```

"NaN！NaN！"

"NaN 是什么？"

"Not a Number，意思就是非数字。除 Python 语外，其他古代文明中也有这种说法。好像是在做了不该做的事情之后招来的愤怒之语。其实 W.data 最初也是 1 个大概值。"

"从这里开始使输出拟合数据吗？这样的话，每次构建神经网络，计算结果都会不同吧。"

"是的。从 1 个输入开始尝试各种各样的计算，然后把中间计算结果存储在 h 中，再把它们合并为 1 个输出。"

"也就是说，中间计算结果其实是对同一个输入在不同角度的观察结果？"

"是的。因为有很多个数据，所以有时会出现拟合了这部分数据，却没有拟合另一部分数据的情况。我想这就是需要尝试各种计算方法和组合的原因吧。"

"原来如此。我赞同公主的想法。"

"顺便说一句，我有点担心 NaN……这是触怒了神吗？"

"公主做了不该做的事吗！？"

"没有啦。这次情况不同，现在的神经网络就像一个刚刚诞生的婴儿，不知道自己要去哪儿。还记得在张开结界时，我输入了 optNN.target.zerograds() 和 cleargrads() 吗？"

"zerograds 把梯度设为 0，cleargrads 删除梯度记录，是吗？"

"对，这叫初始化。接着再用 loss_train.backward() 计算梯度，研究改善方法。"

"这时的梯度值是多少呢？"

"是一个有意义的数值哦。"

"原来没有触怒神呀！"

"我还担心因为绰号的事要惹神生气了呢。"

和之前一样，我们选择了 MomentumSGD 来优化神经网络。

Chapter5.ipynb
（魔法之语：选择优化方法）

```
optNN = Opt.MomentumSGD()
optNN.setup(NN)
```

在回归时，查询数值拟合程度的方法和识别时不同。

在识别时，我们使用的是 F.softmax_cross_entropy，而且还需要用 F.accuracy 查询识别过程是否正确以及识别精度。但是在回归时，误差函数要使用 F.mean_squared_error，关注点在于数值的拟合程度。

所以我们没有准备识别精度 acc，只准备了用于保存误差函数 loss 记录的位置。

Chapter5.ipynb
（魔法之语：准备保存回归学习记录的位置并分割数据）

```
train_loss = []
test_loss = []

Dtrain = D//2
xtrain,xtest,ttrain,ttest = ohm.data_divide(Dtrain,D,xdata,tdata)
data = [xtrain,xtest,ttrain,ttest]
result = [train_loss,test_loss]
```

result[0] 中记录了训练数据的误差函数，result[1] 中记录了测试数据的误差函数，可以直接根据这两个函数评价回归效果。

　　在回归时，为了张开结界而准备的自定义魔法也要进行一点更改。像下面这样，我们删除了识别精度的部分，并把误差函数改成了 F.mean_squared_error。

添加到 princess.py 中

（魔法之语：定义回归函数）

```
def learning_regression(model,optNN,data,result,T=10):
  for time in range(T):
    config.train = True
    optNN.target.cleargrads()
    ytrain = model(data[0])
    loss_train = F.mean_squared_error(ytrain,data[2])
    loss_train.backward()
    optNN.update()

    config.train = False
    ytest = model(data[1])
    loss_test = F.mean_squared_error(ytest,data[3])
    result[0].append(loss_train.data)
    result[1].append(loss_test.data)
```

　　接下来，直接把这个自定义魔法添加到 princess.py 中，嵌入魔镜。
我们迫不及待地进行了回归，希望能够发现数据背后的规律。

Chapter5.ipynb

（魔法之语：比较误差函数）

```
ohm.learning_regression(model,optNN,data,result,1000)
```

　　在回归问题上，使用 CPU 就能让学习速度加快。我们马上开始观察学习情况。

　　最后，我们用自定义魔法比较训练数据的误差函数 result[0] 和测试数据的误差函数 result[1]。

In [9]: ohm.plot_result2(result[0],result[1],"loss function","step","loss function",0.0,3.0)

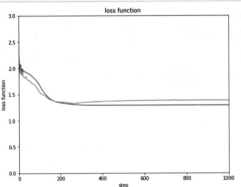

下降得很顺利嘛！

嗯，可是这个误差函数没有下降到 0。

也就是说还没有完全拟合。

"我们看看结果吧。使用构建神经网络时常用的 model 魔法，就可以看到神经网络中的数据模拟结果了。model(xtrain) 对应的是训练数据的结果。这个模拟一定很成功。"

"模拟！模拟！"

"不错，因为优化后的神经网络已经和数据拟合得很好了。"

 "是的。另外，model(xtest) 对应的是输入陌生数据时输出的预测值。"

受 chainer 神 的 影 响，model(xtrain) 和 model(xtest) 的 预 测 结 果 都 属 于 Variable 类。如果想得到数值，就要添加 .data。

```
Chapter5.ipynb
（魔法之语：比较回归结果）
config.train = False
ytrain = model(xtrain).data
ytest = model(xtest).data
plt.plot(xtrain,ytrain,marker="x",linestyle="None")
plt.plot(xtest,ytest,marker="o",linestyle="None")
plt.plot(xdata,tdata)
plt.show()
```

magic!

像上面那样，我们把经过训练的神经网络得出的预测值放入 ytrain 和 ytest，然后在 plt.plot 中向 pyplot 神申请 linestyle="None"。这是因为我们希望这两个结果只以点的形式呈现，而不要显示线。作为对照，我们让原来的数据只以线的形式呈现，即 plt.plot(xdata,tdata)。

最后，别忘了输出哦（plt.show()）。

```
In [10]:   config.train = False
           ytrain = model(xtrain).data
           ytest = model(xtest).data
           plt.plot(xtrain,ytrain,marker="x",linestyle="None")
           plt.plot(xtest,ytest,marker="o",linestyle="None")
           plt.plot(xdata,tdata)
           plt.show()
```

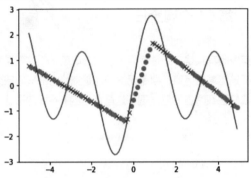

看上去支支棱棱的，拟合得不太好呀！

支支棱棱！支支棱棱！

 "看上去有一部分拟合得还不错，可惜其他部分不太好。"

 "没想到这么困难。在识别手写字符和时尚图像的时候，神经网络明明很
能干的。"

 "我们试试增加中间计算结果的数量吧。"

 "H=100 个吧！"

 "呃，看来增加 H 的值也不行呀。"

 "到底是什么原因呢？"

第 61 个调查日

拟合得支支棱棱其实是非线性变换的形状造成的。线性变换考虑的是各种数值组合，基本都是加减法运算，可是无论加还是减，它的核心部分都是由非线性变换决定的。我们在翻阅古书后发现了之前使用的 F.relu 的形状，这个形状让我们大为意外。

（魔法之语：查询 F.relu 的形状）

```
ydata = F.relu(xdata).data
plt.plot(xdata,ydata)
plt.show()
```

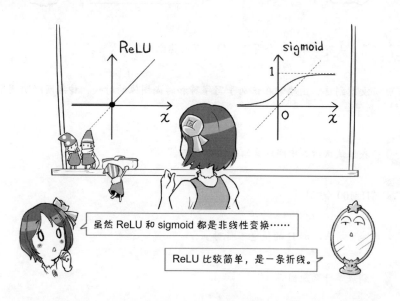

虽然 ReLU 和 sigmoid 都是非线性变换……

ReLU 比较简单，是一条折线。

"这就是支支棱棱的原因。"

 "这条折线是什么？"

 "我们的神经网络就是由许多条这样的折线错落排列而成的。"

 "所以整体看上去支支棱棱的。"

 "相反，F.sigmoid 的形状非常平滑。"

```
（魔法之语：查询 F.sigmoid 的形状）
ydata = F.sigmoid(xdata).data
plt.plot(xdata,ydata)
plt.show()
```

 "可是之前在使用 sigmoid 时，神经网络优化非常困难，总是失败。"

 "也许 F.sigmoid 在回归问题上的效果不错呢？"

 "试试看吧。"

　　我们发现，即使非线性变换的部分都是简单函数，神经网络也会把它们组合成复杂的形状。于是，我们把用于回归的核心部分，也就是非线性变换从 F.relu 改为 F.sigmoid 后，又进行了一次学习。结果，张开结界的时间确实更长了，这和之前的情况一样，不过神经网络得出的预测值相比之前更准确了。

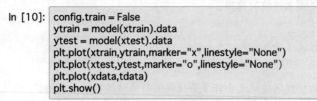

```
In [10]:    config.train = False
            ytrain = model(xtrain).data
            ytest = model(xtest).data
            plt.plot(xtrain,ytrain,marker="x",linestyle="None")
            plt.plot(xtest,ytest,marker="o",linestyle="None")
            plt.plot(xdata,tdata)
            plt.show()
```

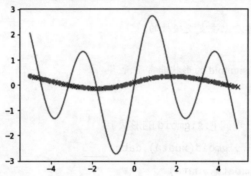

 看上去结果还不错。

不过还是没有完全吻合。

 "好难！好难！"

 "使用周期性变化的非线性变换怎么样？"

 "对呀！只要是'非'线性就行。"

　　输入 dir(F) 请教 functions 神之后，我们惊讶地发现居然有这么多种非线性变换。再对照数学书一看，原来这些非线性变换和我们在学校里学的数学函数非常相似，如三角函数 F.sin、指数函数 F.exp 和对数函数 F.log。

"我试着用了一下 F.sin 作为非线性变换……"

 "张开结界……"

 "成功啦！成功啦！"

 "噢噢，果然严丝合缝呀！！"

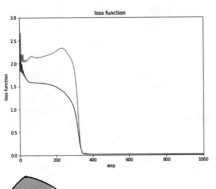
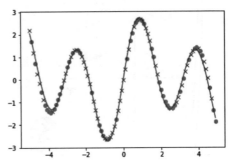

啊啊，误差函数也变成 0 了。

眨眼之间就变了。

 "如果预先知道是周期性变化，倒是可以这么办，可是如果不知道就没办法了……"

结合之前的实验记录和古书的一部分内容后，我们掌握了下面这些有关非线性变换的情况。

一方面，ReLU 不是一条简单的直线，它有一处弯折，所以是非线性变换。另外，它的特征是梯度为 1，而梯度对于神经网络的优化至关重要。另一方面，sigmoid 的图像是一条平滑的曲线，所以也是非线性变换，但是它的梯度很小，最大的地方也只有1/4,所以在神经网络较复杂的情况下,它的效果并不明显,甚至梯度可能会消失。ReLU 能够解决梯度消失问题,是一种能够实现复杂神经网络学习的技术。

在 ReLU 中,梯度为 1 的点非常重要。观察它的函数图像可以发现,有一个区域的梯度为 0,没有倾斜,非常平坦,这部分对于神经网络完全没有影响。因此,有人建议使用非线性变换 leaky ReLU,它在 ReLU 梯度为 0 的区域是一条具有一定梯度的直线。

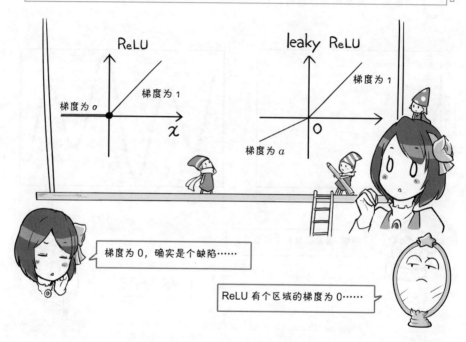

梯度为 0,确实是个缺陷……

ReLU 有个区域的梯度为 0……

 "如果预先不知道是哪种周期性变化的话,就只能放弃了吗……"

 "没办法!没办法!"

 "等等,如果把 F.relu 重复很多次,不就变成有很多次弯折的复杂非线性变换了吗?"

 "重复很多次??"

白雪公主的发现

我发现还有下面这种写法。

```
optNN.target.zerograds()
loss = F.mean_squared_error(yrain,ttrain)
loss.backward()
optNN.update()
```

把 4 行合在一起，写成这样的一行。

```
optNN.update(F.mean_squared_error,yrain,ttrain)
```

不过选择这种写法的话，不要忘了在张开结界之前，进行第一次初始化。

```
optNN.target.zerograds()
```

还有，这样写的话，后面不会有 loss 的计算结果。

深度神经网络

 "我想，只要重复很多次非线性变换，就算 F.relu 只是一条弯折了一次的简单折线，应该也能成功实现回归吧？"

 "啊，弯折很多次后变成奇怪的形状就行了吗？"

 "弯折！弯折！"

 "就像把铁丝弯折成光滑的曲线那样吗？"

用 ReLU 弯折很多次就行了吗？

弯折很多次以后，就可以处理复杂的变化了。

 "我明白了！要发挥出神经网络的真正价值，秘诀就是重复！只要重复使用容易优化的 ReLU 或是和它相似的折线型非线性变换，就算预先不了解情况，也能够发现各种规律。"

通过优化具有很多重复结构的神经网络来改善识别和回归效果，进而深度挖掘事物的本质……

我们就把这样的过程叫作"深度学习"吧……也许神经网络挖掘事物本质的方式就是重复。

所以我们决定构建"有深度的"神经网络。不过要记下的东西越来越多，要掌握一些更好的写法才行。

就在这时，我们发现了新的写法。例如，之前写的神经网络还可以写成下面这样。

```
（魔法之语：深度神经网络的写法）
C = 1
H = 20
layers = {}
layers["l1"] = L.Linear(N,H)
layers["l2"] = L.Linear(H,C)
layers["bnorm1"] = L.BatchNormalization(H)
```

首先准备一个名为 layers 的神经网络词典，然后输入各个层。在用 Python 语制作词典时，第一步要用到"{}"，如 layers={}，然后在里面写上关键词及其含义，填满词典。例如，layers["l1"]=L.Linear(N,H) 表示把 l1 这个名字赋予 L.Linear(N,H)。

提前准备好这样的词典，一旦需要生成神经网络，就按照下面这样写：

```
（魔法之语：深度神经网络的生成方法）
NN = Chain(**layers)
```

在 Chain() 的"()"内放入 **layers 和神经网络词典就行了。

这样，四层神经网络就构建完成了。然后和之前一样，设置好优化方法和学习次数，执行回归。结果非常完美，误差函数下降，生成的结果重合成了同一个函数的图像。

（魔法之语：构建四层神经网络并函数化）

```
C = 1
H1 = 5
H2 = 5
H3 = 5
layers = {}
layers["l1"] = L.Linear(N,H1)
layers["l2"] = L.Linear(H1,H2)
layers["l3"] = L.Linear(H2,H3)
layers["l4"] = L.Linear(H3,C)
layers["bnorm1"] = L.BatchNormalization(H1)
layers["bnorm2"] = L.BatchNormalization(H2)
layers["bnorm3"] = L.BatchNormalization(H3)
NN = Chain(**layers)

def model(x):
    h = NN.l1(x)
    h = F.relu(h)
    h = NN.bnorm1(h)
    h = NN.l2(h)
    h = F.relu(h)
    h = NN.bnorm2(h)
    h = NN.l3(h)
    h = F.relu(h)
    h = NN.bnorm3(h)
    y = NN.l4(h)
    return y
```

magic!

In [11]:
```
config.train = False
ytrain = model(xtrain).data
ytest = model(xtest).data
plt.plot(xtrain,ytrain,marker="x",linestyle="None")
plt.plot(xtest,ytest,marker="o",linestyle="None")
plt.plot(xdata,tdata)
plt.show()
```

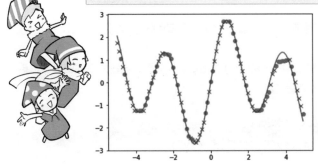

完美拟合！

 "成功啦！成功啦！"

 "回归真难呀。相比之下，识别问题是不是更简单呢？"

 "嗯。在识别问题中，有大小、强弱等特征，可以作为大致区分的依据。例如，在鸢尾花的例子中，花萼和花瓣的不同长度和宽度可以作为依据；在手写字符的例子中，黑白部位的不同大小可以作为依据。"

 "嗯，我现在特别想探索事物背后的规律！"

事实证明，魔镜不仅能记录和存储图像，还能用 CSV 文件保存数据（这些数据是我们自己准备的一些数字）。利用魔镜的这个功能，再加上之前的回归技术，也许能够揭示这些数据背后的规律。而且，数据读取神 pandas 还可以助我们一臂之力。

第一次召唤神时要在神的祭坛"终端"上举行仪式。

```
pip install pandas
```

仪式结束后，使用如下魔法之语召唤 pandas 神。

（魔法之语：读取 pandas）

```
import pandas as pd
```

pandas 神常被简称为 pd。我们已经完全习惯用简称来称呼众神了，真是不可思议。

准备好保存在魔镜中的 CSV 文件，指定文件位置，再输入下面的魔法之语，这样就能使用自己的数据了。

（魔法之语：读取 CSV 数据）

```
data = pd.read_csv(" 文件位置 .csv")
```

这里读取的数据是以 pandas 神的风格编写的。在 jupyter notebook 中直接输入 data，然后同时按下 Shift 键和 Enter 键，会出现一张漂亮的表格。这张表格是 CSV 文件中 pandas 神风格的表格的变形。接下来我们把它交给 numpy 神。为了让数据处理起来更方便，继续写下：

（魔法之语：将 pandas 数据导入 numpy）

```
data = data.values.tolist()
data = np.array(data).astype(np.float32)
```

data.values.tolist() 会把上面的表格转换成只有数值的列表，np.array 继续把它改写成 numpy 神的风格，这样可以同时处理很多个数值。

如果要把 data 中的一部分作为输入数据的 xdata 用于神经网络分析，可以把它从 data 中提取出来。

例如，如果要把表中左边的 N 个数据作为输入，就写下 xdata = data[:,0:N]。

5-4 时间序列分析挑战

 "如果我们掌握了变化规律，岂不是能够预测未来？"

 "未来！未来！"

 "我们只了解现在和过去，这样能预测未来吗？"

 "好想试试。也许古人已经预测过未来，早就知道会发生什么事了。"

 "可是我们世代的信仰是占星术呀。我不相信古代那些家伙的技术比我们还强。"

第 62 个调查日

我们进行了时间序列分析挑战，也就是利用随时间变化的数据预测未来将要发生的事。这个挑战的前提是假设未来取决于现在的状态和过去的状态。如果还有其他影响因素，就把这些因素依次加入前面的数据。

首先和往常一样，敬请众神降临。

```
Chapter5-time.ipynb
（魔法之语：读取基础模块和类）
import numpy as np
import matplotlib.pyplot as plt

import chainer.optimizers as Opt
import chainer.functions as F
import chainer.links as L
from chainer import Variable,Chain,config
import princess as ohm
```

然后按照下面的方法手动生成时间序列数据。

```
Chapter5-time.ipynb
（魔法之语：生成时间序列数据）
M = 100
time_data = np.linspace(0.0,10.0,M)
value_data = np.sin(time_data) + 2.0*np.sin(2.0*time_data)
```

先在 time_data 中准备表示 M=100 个时间点的等间隔数值数据。

然后准备位于以上时间点的数值 value_data。这次实验使用的是上次函数得出的数据。

神经网络参考的输入是 xdata。我们希望在 xdata 中输入前一时间点的数据和更前一时间点的数据。

于是，我们想出了下面的魔法之语。

```
Chapter5-time.ipynb
（魔法之语：将前一时间点的数据作为输入）
N = 2
xdata = []
tdata = []
for k in range(N,M):
  xdata.append(value_data[k-N:k])
  tdata.append(value_data[k])
xdata = np.array(xdata).astype(np.float32)
tdata = np.array(tdata).reshape(M-N,1).astype(np.float32)
```

我们使用了记录学习情况时常用到的列表。

先输入 xdata=[]、tdata=[]，制作空列表，然后使用 for 语句，把前一时间点和更前一时间点的两个数据依次添加到 xdata 的列表中，把当前时间点的数据添加到 tdata 中，重复这个操作。for 语句的开头不是 range(M)，而是 range(N,M)，表示第一个数值是 N=2，最后一个数值是 M，也就是说，在 k 中代入的数值是 2,3,4,...,99。这是因为如果第一个数值不是 2，那么更前一时间点的数值就会小于 0。

在 for 语句中，追加元素到列表时使用 xdata.append、tdata.append。"()"内的 value_data[k−N:k] 中的 k−N : k 表示当 N=2 时，追加两个元素，即 value_data[k−2] 和 value_data[k−1]。把这两个数值追加到 xdata，根据这两个数值来预测当前时间点的数值 value_data[k]，也就是说，把前一时间点和更前一时间点的数值作为预测的参考值。在把这些数据以列表的形式放入 xdata、tdata 之后，我们再用 np.array 把它们献给 numpy 神，然后用 .reshape 把 tdata 变成纵向 M−N=98 个，横向 1 个的形状。

 "数据准备好啦。接下来使用和之前一样的魔法之语来确认形状"。

Chapter5-time.ipynb
（魔法之语：查看数据形状）
```
D,N = xdata.shape
print(D,N)
```

 "话说，如果这么做真的能够预测未来，那么祖先之所以躲进魔镜，很有可能就是因为预测到了什么。"

 "如果真是这样，那和爷爷说的'看见郁金香赶快逃'有什么关系吗？"

 "郁金香！郁金香！"

 "我觉得郁金香没那么可怕吧，又没有毒。"

使用和之前一样的四层神经网络。我们要利用这些随时间变化的数据来预测它们今后的变化情况。

```
Chapter5-time.ipynb
（魔法之语：构建四层神经网络并函数化）
C = 1
H1 = 5
H2 = 5
H3 = 5
layers = {}
layers["l1"] = L.Linear(N,H1)
layers["l2"] = L.Linear(H1,H2)
layers["l3"] = L.Linear(H2,H3)
layers["l4"] = L.Linear(H3,C)
layers["bnorm1"] = L.BatchNormalization(H1)
layers["bnorm2"] = L.BatchNormalization(H2)
layers["bnorm3"] = L.BatchNormalization(H3)
NN = Chain(**layers)

def model(x):
  h = NN.l1(x)
  h = F.relu(h)
  h = NN.bnorm1(h)
  h = NN.l2(h)
  h = F.relu(h)
  h = NN.bnorm2(h)
  h = NN.l3(h)
  h = F.relu(h)
  h = NN.bnorm3(h)
  y = NN.l4(h)
  return y
```

优化方法也和之前一样，使用 MomentumSGD。另外，我们想向古人询问一些事情，所以优化的任务就拜托给了 CPU。

> Chapter5-time.ipynb
>
> （魔法之语：设置优化方法）
>
> ```
> optNN = Opt.MomentumSGD()
> optNN.setup(NN)
> ```

 "我们之前使用的训练数据都是随意选出来的吧？"

 "之前都是请 random 神帮的忙。"

 "那不就有可能泄露未来了吗？"

 "是的，所以顺序很重要。例如，如果我们知道的事都发生在 10 点之前，那么我们就应该在 10 点的时候预测 11 点之后的事。"

 "那就稍微更改一下我们的自定义魔法吧。"

我们决定更改之前用于分割训练数据和测试数据的自定义魔法。

> 更改 princess.py
>
> （魔法之语：更改用于分割数据的自定义魔法）
>
> ```
> def data_divide(Dtrain,D,xdata,tdata,shuffle="on"):
>   if shuffle == "on":
>     index = np.random.permutation(range(D))
>   elif shuffle == "off":
>     index = np.arange(D)
>   else:
> ```

```
⇨⇨ print("error")
   xtrain = xdata[index[0:Dtrain],:]
   ttrain = tdata[index[0:Dtrain]]
   xtest = xdata[index[Dtrain:D],:]
   ttest = tdata[index[Dtrain:D]]
   return xtrain,xtest,ttrain,ttest
```

我们为参数准备了 shuffle 函数。使用 if 语句，当 shuffle 的参数值为 on 时，先随机改变数据顺序，再将数据分为训练数据和测试数据。

注意，两个"="（==）的地方和赋值符号"="的含义不同。

shuffle 不为 on 时，使用 elif 语句继续。当 shuffle=="off"，即参数值是与 on 相反的 off 时，保持数据原来的顺序不变，将数据分为训练数据和测试数据。最后是 else 语句，如果在 shuffle 中填入的是其他内容，就会显示 error。当像这样需要根据不同的条件执行不同的命令时，就使用 if、elif、else 语句。另外，别忘了在后面加上冒号":"，不然魔镜会生气的。

```
Chapter5-time.ipynb
（魔法之语：准备保存学习记录的位置）
train_loss = []
test_loss = []
（魔法之语：使用自定义魔法分割数据）
Dtrain = D//3
xtrain,xtest,ttrain,ttest = ohm.data_divide(Dtrain,D,xdata,
                                            tdata,"off")
data = [xtrain,xtest,ttrain,ttest]
result = [train_loss,test_loss]
```

在这次实验中，时间顺序非常重要，所以我们赶紧把参数 off 放进了更改后的自定义魔法中。

"这样就行啦！"

"好嘞！准备张开结界！"

把学习次数设为 200 次左右就够了。

Chapter5-time.ipynb

（魔法之语：使用自定义魔法张开回归结界）

`ohm.learning_regression(model,optNN,data,result,200)`

虽然这次是随时间变化的数据，不过我们还是希望可以像回归时那样准确预测出数值的变化，所以用了 learning_regression。

只要误差函数顺利下降就没问题。

Chapter5-time.ipynb

（魔法之语：显示误差函数）

`ohm.plot_result2(result[0],result[1],"loss function",`
`                "step","loss function",0.0,5)`

"如果能正确预测出变化情况，那就太好了。"

"比起占星术，祖先的技术可能更好哦。"

显示预测结果的操作和回归时一样。

Chapter5-time.ipynb

（魔法之语：随时间变化的数据的结果比较）

`ytrain = model(xtrain).data`

```
ytest = model(xtest).data
plt.plot(time_data[0:Dtrain],ytrain,marker="x",linestyle="None")
plt.plot(time_data[Dtrain:D],ytest,marker="o",linestyle="None")
plt.plot(time_data[0:D-N],value_data[N:D])
plt.show()
```

　　我们把 time_data 分成两部分，一部分是前 1/3，从 0 到 Dtrain，用于训练；另一部分从 Dtrain 到 D。ytrain 是根据实际数据得出的结果，ytest 是根据规律对之后的变化进行预测后得出的结果。

　　为了便于比较，我们把正确答案的数据 value_data[N:D] 重叠显示出来。

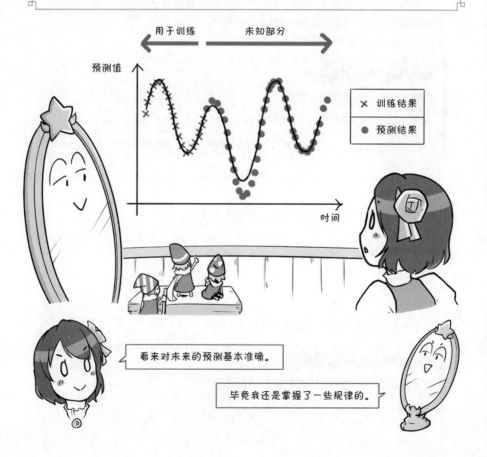

"厉，厉害。预测得很准。"

 "大致趋势是抓住了。"

 "抓住了！抓住了！"

 "还有一小部分不太准呢。"

 "如果只有训练数据作为参考的话，还不足以正确预测出变化的振幅。不过能做到现在这样已经很厉害了……"

5-5 预测交易数据

第 65 个调查日

　　既然古人拥有预测未来的能力，那么他们曾利用这个能力预测过什么呢？我们决定从一个特别的视角来研究古代文明。

　　之前，我们猜测古人很擅长做生意，因为魔镜中居住着擅长计算的 Python 众神，特别是 numpy 神，能够同时处理许多数据。所以我们决定研究一下在实际的商业交易等方面，古人是不是比现代人做得更好。

　　想要借助 Python 众神的力量并不需要特定的场所，只要在被称为"终端"的祭坛上举行仪式就行了。设置好祭坛后，任何人在任何地方都可以召唤众神。我们甚至猜想，说不定凭借众神的力量还可以和遥远国度的人们互通音讯呢。

　　实际上，我们发现了一些痕迹，证明古人在彼此远隔千里的情况下频繁进行商业交易。有交易就一定有价格，我们找到的正是一些详细记录了价格变化情况的资料。在古代，木材加工业非常发达，古人居住的土地价值就是根据所伐树木的株数及其加工后所得木材的价格来决定的。我们从中发现了一个特别的词——"株价[①]"。

"树木的株数……木材的价格……株价是什么？"

"啊，我听爷爷说过。很久以前，小矮人好像当过樵夫。"

"樵夫！樵夫！"

"我们的祖先那时候也以砍柴为生啊。"

---

① 译者注：日语中的"株价"即中文中的"股价"，作者用树木的株数和木材的价格引出"株价"的概念，为与之对应，译文采用"株价"而不是"股价"。

184　第 5 章　预测未来

"每个地方的木材都不相同，各有特色，人们根据需要或买或卖，至于价格，每天由大家共同商定，这就是株价。"

古人能够根据随时间变化的数据预测未来，于是我们决定利用记录株价变化情况的资料来追寻古人的足迹。

首先，一起召唤出众神吧。

> **Chapter5-stock.ipynb**
>
> （魔法之语：读取基础模块和类）
>
> ```
> import numpy as np
> import matplotlib.pyplot as plt
>
> import chainer.optimizers as Opt
> import chainer.functions as F
> import chainer.links as L
> from chainer import Variable,Chain,config
>
> import princess as ohm
> ```

准备好进行回归后，读取株价数据。

> **Chapter5-stock.ipynb**
>
> （魔法之语：用于读取株价数据的模块）
>
> ```
> import pandas_datareader.data as web
> import datetime as dt
> ```

要想使用上面的模块，同样需要在神的祭坛"终端"上举行下面两个仪式。

```
pip install pandas_datareader
pip install datetime
```

pandas_datareader 众神可以帮助我们获取商业交易方面的数据。这里，我们要借助的是 data 神的力量。召唤出 data 神后，我们为他取了个名字——web。然后，datetime 神启动魔法，把日期交给 pandas_datareader。

Chapter5-stock.ipynb

（魔法之语：获取指定期间内的商业交易数据）

```
start = dt.date(2005,1,1)
end = dt.date(2007,12,31)
web_data= web.DataReader("AMZN","yahoo",start,end)
```

通过上面的魔法就可以获取 start 至 end 期间所有的商业交易数据。2005,1,1 和 2007,12,31 是古代文明历法中年、月、日的写法。web.DataReader 负责召唤出数据。第一个参数 AMZN 表示查询名为 Amazon 的集团的股价。难怪古代的木材行业如此发达，原来有一片茂密的树林啊。

第二个参数 yahoo 表示保存商业交易数据的位置，指定了从哪里获取数据。这会不会是伐木时的吆喝声"哟呵"呢？

直接输入 web_data 就可以查看获取了哪些数据。

当然也可以输入 print(web_data)，不过从 pandas_datareader 的名字就能看出来，由于它和 pandas 神关系密切，受 pandas 神的影响，数据会显示成表格的形式。

除日期（Date）外，还可以获取其他许多商业交易方面的数据，如日成交额的最大值（High）和最小值（Low）、交易的开盘价（Open）和收盘价（Close）等。

"人们每天都在交易，商业活动可真发达啊。我们来看看收盘价随时间变化的情况吧。"

（魔法之语：显示随时间变化的情况）

```
plt.plot(web_data["Close"])
plt.show()
```

"哇，像锯齿一样，变得好快。"

 "好快！好快！"

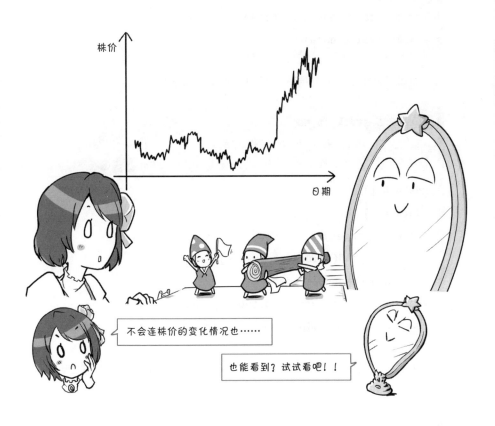

 "株价在某个时期急剧上涨。"

 "可能是有什么突发事件。说不定这个事件就是解开古代文明谜团的线索。"

首先，把读取出的株价变化数据变成随时间变化的数据。

Chapter5-stock.ipynb

（魔法之语：把株价变化数据变成随时间变化的数据）

```
value_data = web_data["Close"]
M = len(value_data)
```

准备好随时间变化的数据后，接下来的操作就和之前一样了。

Chapter5-stock.ipynb

（魔法之语：将前一时间点的数据作为输入）

```
N = 2
xdata = []
tdata = []
for k in range(N,M):
  xdata.append(value_data[k-N:k])
  tdata.append(value_data[k])
xdata = np.array(xdata).astype(np.float32)
tdata = np.array(tdata).reshape(len(tdata),1).astype(np.float32)
```

确认了数据情况后，数据的数量 D 和需要考虑的相关元素的数量 N 就会像之前一样自动存储。

Chapter5-stock.ipynb

（魔法之语：查看数据形状）

```
D,N = xdata.shape
print(D,N)
```

和上次对随时间变化的数据进行回归时一样，构建四层神经网络。

```
Chapter5-stock.ipynb
（魔法之语：构建四层神经网络）
C = 1
H1 = 5
H2 = 5
H3 = 5
layers = {}
layers["l1"] = L.Linear(N,H1)
layers["l2"] = L.Linear(H1,H2)
layers["l3"] = L.Linear(H2,H3)
layers["l4"] = L.Linear(H3,C)
layers["bnorm1"] = L.BatchNormalization(H1)
layers["bnorm2"] = L.BatchNormalization(H2)
layers["bnorm3"] = L.BatchNormalization(H3)
NN = Chain(**layers)

def model(x):
  h = NN.l1(x)
  h = F.relu(h)
  h = NN.bnorm1(h)
  h = NN.l2(h)
  h = F.relu(h)
  h = NN.bnorm2(h)
  h = NN.l3(h)
  h = F.relu(h)
  h = NN.bnorm3(h)
  y = NN.l4(h)
  return y
```

优化方法和之前一样，使用 MomentumSGD。在对数据进行分组时，为了保持原来的时间顺序，我们把条件设为 shuffle ="off"，然后把一半数据作为训练数据，剩下的一半数据作为测试数据。

```
Chapter5-stock.ipynb
（魔法之语：设置优化方法）
optNN = Opt.MomentumSGD()
optNN.setup(NN)
（魔法之语：准备记录训练情况的位置）
train_loss = []
test_loss = []
（魔法之语：使用自定义魔法对数据进行分组）
Dtrain = D//2
xtrain,xtest,ttrain,ttest = ohm.data_divide(Dtrain,D,xdata,
                                            tdata,"off")
data = [xtrain,xtest,ttrain,ttest]
result = [train_loss,test_loss]
```

接下来，我们像之前一样张开结界，观察魔镜对株价的预测情况，结果出乎意料得好。

```
Chapter5-stock.ipynb
（魔法之语：使用自定义魔法张开回归结界）
ohm.learning_regression(model,optNN,data,result,2000)
（魔法之语：显示误差函数）
ohm.plot_result2(result[0],result[1],"loss function","step",
                "loss function",0.0,2.0)
（魔法之语：显示结果）
ytrain = model(xtrain).data
ytest = model(xtest).data
time_data = np.arange(M-N)
```

```
plt.plot(time_data[0:Dtrain],ytrain,marker="x",linestyle="None")
plt.plot(time_data[Dtrain:D],ytest,marker="o",linestyle="None")
plt.plot(time_data[0:D-N],value_data[N:D])
plt.ylim([25,50])
plt.show()
```

最后用 np.arange(M−N) 排列从 0 到 M−N 的数字, 用于表示数据的序号。

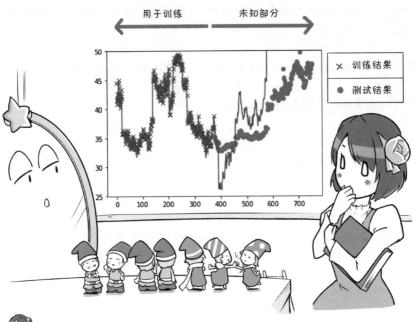

 "训练数据没有问题, 拟合得很好。看来魔镜掌握了部分规律。"

 "可是测试数据拟合得很不好。"

 "很不好! 很不好! "

 "啊, 确实, 突然发生变化, 然后错开了。"

"这就是所谓的'未来不可预测'吗！？"

 "不可预测！不可预测！"

 "神经网络到极限了吗？要不把结界时间再延长一些？"

 "呀啊呀啊，干得漂亮！"

 "我们从没想过这些办法，而你们已经做到了这种程度。"

 "多亏我长寿，才能看到这一幕啊。当初我们没有用 ReLU，虽然尝试了深度神经网络……可惜力不从心……失败了……"

 "原来是这样。看来不用 ReLU 的话，深度神经网络很难成功。"

 "看来王宫图书馆的书没有白读呀。"

 "书里的内容太繁杂了，我苦恼了好长一段时间，不知道哪些话才是正确的。现在算是得到回报了吗？"

 "太好了！太好了！"

 "哎，我想问问大家，当年究竟发生了什么事呢？株价急剧变化一定有什么原因吧？"

 "啊，真不愿意想起那件可怕的事。"

 "好多朋友离开了。"

 "我们留在了魔镜里。可是他们……"

 "果然有过一段煎熬的时期啊……"

看来古代文明的衰落的确有很深的缘由。我们能否揭开那个缘由呢？

王后的学习笔记 5
预测股价的神经网络

追加到 princess.py

追加用于回归的自定义模块

In[1]:
```python
def learning_regression(model,optNN,data,result,T=10):
    for time in range(T):
        config.train = True
        optNN.target.cleargrads()
        ytrain = model(data[0])
        loss_train = F.mean_squared_error(ytrain,data[2])
        loss_train.backward()
        optNN.update()

        config.train = False
        ytest = model(data[1])
        loss_test = F.mean_squared_error(ytest,data[3])
        result[0].append(loss_train.data)
        result[1].append(loss_test.data)
```

更改 princess.py

更改用于分割数据的自定义模块

In[2]:
```python
def data_divide(Dtrain,D,xdata,tdata,shuffle="on"):
    if shuffle == "on":
        index = np.random.permutation(range(D))
    elif shuffle == "off":
        index = np.arange(D)
    else:
        print("error")
    xtrain = xdata[index[0:Dtrain],:]
    ttrain = tdata[index[0:Dtrain]]
    xtest = xdata[index[Dtrain:D],:]
    ttest = tdata[index[Dtrain:D]]
    return xtrain,xtest,ttrain,ttest
```

 "当根据不同的条件进行不同的操作时，就使用 if、elif、else 语句。"

 "别忘了每个语句后面都要加上冒号（:）！"

---

chapter5-stock.ipynb

召唤基础模块和自定义魔法集

In[3]:
```python
import numpy as np
import matplotlib.pyplot as plt

import chainer.optimizers as Opt
import chainer.functions as F
import chainer.links as L
from chainer import Variable,Chain,config

import princess as ohm
```

"都是和往常一样的模块。"

"把常用的模块们都召唤出来吧，就算读取后不用也没关系！"

读取商业交易数据

In[4]:
```python
import pandas_datareader.data as web
import datetime as dt

start = dt.date(2005,1,1)
end = dt.date(2007,12,31)
web_data= web.DataReader("AMZN","yahoo",start,end)
```

"用 DataReader 就可以读取株价了。"

"除了 AMZN 以外，还可以看看其他公司的株价，把不同公司的株价放在一起进行对比也很有意思。"

把株价变化数据变成随时间变化的数据

In[5]:
```python
value_data = web_data["Close"]
M = len(value_data)
```

将前一时间点的数据作为输入

```python
N = 2
xdata = []
tdata = []
for k in range(N,M):
    xdata.append(value_data[k-N:k])
    tdata.append(value_data[k])
xdata = np.array(xdata).astype(np.float32)
tdata = np.array(tdata).reshape(len(tdata),1)\
        .astype(np.float32)
```

"k-N:k 可以取出从 k-N 到 k 的前一个元素。"

"注意，是到前一个！"

构建四层神经网络并函数化

In[6]:

```
C = 1
H1 = 5
H2 = 5
H3 = 5
layers = {}
layers["l1"] = L.Linear(N,H1)
layers["l2"] = L.Linear(H1,H2)
layers["l3"] = L.Linear(H2,H3)
layers["l4"] = L.Linear(H3,C)
layers["bnorm1"] = L.BatchNormalization(H1)
layers["bnorm2"] = L.BatchNormalization(H2)
layers["bnorm3"] = L.BatchNormalization(H3)
NN = Chain(**layers)

def model(x):
    h = NN.l1(x)
    h = F.relu(h)
    h = NN.bnorm1(h)
    h = NN.l2(h)
    h = F.relu(h)
    h = NN.bnorm2(h)
    h = NN.l3(h)
    h = F.relu(h)
    h = NN.bnorm3(h)
    y = NN.l4(h)
    return y
```

"**layers 是什么意思呀？"

"意思就是使用 layers={} 后面的神经网络词典。"

設置优化方法

In[7]:
```
optNN = Opt.MomentumSGD()
optNN.setup(NN)
```
准备保存数据和学习记录的位置
```
train_loss = []
test_loss = []
Dtrain = D//2
xtrain,xtest,ttrain,ttest = ohm.data_divide(Dtrain,D,xdata,
                                            tdata,"off")
data = [xtrain,xtest,ttrain,ttest]
result = [train_loss,test_loss]
```

"选择 off，在保持原有顺序的前提下对数据进行分组。"

"这一点在分析时间序列数据时一定要注意。"

使用自定义魔法张开回归结界

In[8]:
```
ohm.learning_regression(model,optNN,data,result,2000)
```
比较结果的自定义魔法
```
ohm.plot_result2(result[0],result[1],"loss function",
                "step","loss function",0.0,2.0)
```

"回归的时候要观察误差函数。"

"误差函数可以显示数值的拟合情况！"

显示结果

In[9]:
```
ytrain = model(xtrain).data
ytest = model(xtest).data
time_data = np.arange(M-N)
plt.plot(time_data[0:Dtrain],ytrain, marker="x",
        linestyle="None")
plt.plot(time_data[Dtrain:D],ytest, marker="o",
        linestyle="None")
plt.plot(time_data[0:D-N],value_data[N:D])
plt.ylim([25,50])
plt.show()
```

 "哎哎，为什么要在 model 上添加 .data 呢？"

 "使用 chainer 计算出的数据属于 Variable 型。这是为了从中取出数值。"

王后陛下的烦恼

一行写不完呀！

虽然我是这样写的：

```
np.array(tdata).reshape(len(tdata),1)\
.astype(np.float32)
```

但其实我想这样写：

```
np.array(tdata).reshape(len(tdata),1).astype(np.float32)
```

如果魔法之语太长，笔记本上一行写不下，可以加上反斜杠（\）进行换行。
不过就算不换行，写到了笔记本的外面，魔镜也能看懂。

第**6**章

深度学习的秘密

在市场……

白雪小公主，今天有新鲜的肉哟！！

是呀是呀，非常新鲜哦！！

难得碰上的野猪肉哟！！几年才进一次货！！

是呀是呀，这儿还有很多水果。给你优惠价！来一点吧！

什么！！

这个不能吃的！！这是野猪肉呀！

没办法啊！拒绝不了嘛！

……野猪肉，蛋白质含量高，营养丰富。

6-1 普通物体识别挑战

掩埋在遗址中的魔镜，还有疑似小矮人祖先的古人。看来，小矮人的祖先就是因为隐身于魔镜才能够幸存至今。

那么，古代文明中究竟存在过什么呢？数据集里面会不会沉睡着一些线索？这次，我们准备探索一下其他数据集，希望可以解开这些谜团。

第 70 个调查日

我们发现了一个叫作 CIFAR10 的数据集。古书中记载，这是一个用于识别普通物体的数据集，目的是在学习了收集有很多图像数据的数据集后，学会识别图像中的物体。换句话说，这个数据集中保存着古代文明时期存在过的东西。我们非常好奇，决定打开这个数据集一窥究竟。首先，还是从召唤众神开始。

Chapter6-CIFAR.ipynb

（魔法之语：深度学习基础模块 + 自定义魔法集）

```python
import numpy as np
import matplotlib.pyplot as plt

import chainer.optimizers as Opt
import chainer.functions as F
import chainer.links as L
import chainer.datasets as ds
import chainer.dataset.convert as con
from chainer import Variable,Chain,config,cuda

import princess as ohm
```

然后拜托 chainer 众神之一的 datasets，简称 ds，获得关键的普通物体识别数据集。现在，我们和众神已经是老朋友了，已经很习惯直接用昵称称呼他们了。

Chapter6-CIFAR.ipynb
（魔法之语：读取普通物体识别数据集）
```
train,test = ds.get_cifar10(ndim=3)
xtrain,ttrain = con.concat_examples(train)
xtest,ttest = con.concat_examples(test)
```

用 ds.get_cifar10 召唤出用于识别普通物体的数据集。另外还可以使用有更多种类的 CIFAR100。CIFAR10 是一个包含了颜色信息的图像数据集，被称为通道数的数量有多少，就有多少个纵横排列的图像数据。ndim=3 代表通道数、高度、宽度三个方向，用古人的话说，就是三个维度。

 "通道数是什么？"

 "图像是用红（Red）、绿（Green）、蓝（Blue），也就是 RGB 三原色显示出来的，每个像素都包含了这三种颜色信息。"

 "啊，难道就是光的三原色？"

 "没错。调整三原色的强度可以组成任何颜色。"

 "原来如此。也就是说，用三个数字就可以表示像素的颜色。"

由于通道数很多，所以分别记录。我们通过下面的魔法之语确认了这个数据的大小。

Chapter6-CIFAR.ipynb
（魔法之语：确认数据大小）
```
Dtrain,ch,Ny,Nx = xtrain.shape
print(Dtrain,ch,Ny,Nx)
```

"Dtrain 是 50000！ch 是 3，表示光的三原色。这是一幅高度 Ny=32，宽度 Nx=32 的图像。"

"有时候也说三通道。每个像素里都有这三种信息，所以线索很多。"

"图像的显示方法……应该可以直接显示吧。虽然写法有点变化。"

（魔法之语：尝试输出图像）
```
plt.imshow(xtrain[0,:,:,:].transpose(1,2,0))
plt.show()
```

"那个 transpose 是什么意思呢？"

"它是改变顺序的魔法哦。虽然现在的排列顺序是 ch、Ny、Nx，可是 plt.imshow 要求的顺序是 Ny、Nx、ch。输入的数字表示原来的顺序，不过因为是 Python 语，所以 0 其实是 1，1 其实是 2。第 1 个数字是 1，所以对应 Ny，第 2 个数字是 2，所以对应 Nx，第 3 个数字是 0，所以对应 ch……这里的确不太好理解。"

"噢噢，有东西出来了！这就是古代文明的图像吧？"

"嗯……看不清楚呀，这是什么呢？"

"站远一点就能看出来了。青蛙？看来古代文明的数据集里记录了青蛙呀。"

"这个真方便，至少能看到过去的景象了。机会难得，我们让魔镜学习 CIFAR10 数据集吧，让它回忆起古代文明！马上构建神经网络！"

"可是看了其他图像后，感觉乱七八糟的呀。"

虽然看到了古代文明的轮廓……

这个识别任务好像特别困难呢……

"乱七八糟！乱七八糟！"

"确实。和手写字符还有时尚的情况又不一样。"

"嗯，看来这次用普通的办法是行不通了。"

"不会吧，你们……你们要挑战这么难的任务吗？"

"我们当初选择了放弃……"

"重复操作了无数次，还是失败了……"

"果然很难呢……"

"好像就在那个时候，开始流行起了占星术……"

"啊！所以我们的爷爷才传承了占星术吗？"

"可是，我觉得还可以在神经网络上多下点功夫……"

"嗯……毕竟你们连株价都能预测，还能达到那种准确度……"

"说不定这些孩子能成功……"

6-2 卷积神经网络

我们逐渐意识到了这次目标的难度。

图像真的是乱七八糟，不仅形状各不相同，角度也称得上五花八门。有长得像鸟儿一样的飞机，有不用马拉就能跑得飞快的车，还有鸟、猫、鹿、青蛙、马、浮在海上的船，以及名叫拖车的像大车一样的东西……总共有 10 种之多。

虽然我们没有亲眼见过这些事物，不过凭借已有的经验也能理解它们的存在。如果说人类是从人生经历中学习，从而获得了这种理解能力，那么也许魔镜在学习了这个数据集后，也能获得同样的能力。可是，祖先说这件事非常困难，不过他们也透露给我们一个秘诀。

这个秘诀就是卷积神经网络，它是一种特别擅长图像识别的方法。

在卷积神经网络中，图像被分割成很多个通道，在每个通道中，只考虑某个像素和它周围相邻像素的组合，组合结果为中间计算结果。

之前我们使用的线性变换被称为全连接神经网络，它把所有要素都作为数据的重要要素连接起来。然而，卷积神经网络只处理邻近的像素，所以更容易提取出图像的特征。

我们把需要处理的像素范围称为卷积核大小（ksize），这个大小可以指定。这次我们把它指定为 ksize=3。只处理邻近像素的做法不仅能提取出图像的颜色信息，还便于发现颜色的突然变化情况，提取图像轮廓。

```
Chapter6-CIFAR.ipynb

（魔法之语：设置双层卷积神经网络）
C = ttrain.max() + 1
H1 = 10


layers = {}
layers["conv1"] = L.Convolution2D(ch, H1, ksize=3,
                                  stride=1,pad=1)
```

```
layers["bnorm1"] = L.BatchRenormalization(H1)
layers["l1"] = L.Linear(None,C)
NN = Chain(**layers)
```

　　L.Convolution2D 是卷积神经网络部分。最前面的参数是输入通道数，所以设为 ch。输出通道数可以指定，和之前的 Linear 一样，如果数量太多，中间计算结果也会很多。卷积神经网络根据卷积核大小（ksize=3）把周围相邻像素的数据组合起来，这个操作会以在纵向和横向上滑动一定距离的方式重复进行。从这次计算的位置滑动到下次计算的位置的距离称为步长（stride），这里我们把步长设为 stride=1。

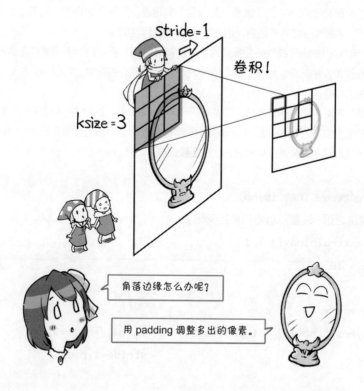

这里存在一个问题，一次次滑动着进行卷积的话，角落边缘怎么办呢？

解决办法就是填充（padding）。把填充数量设为 pad=1，也就是在边缘都填充 pad=1 个空白。

当把这样得出的卷积神经网络计算结果用于下一步操作时，我们并不清楚这个结果的数量。我们希望把这些结果加以总结，最终得出 C=10 个数值。

于是我们添加了 Linear(None,C)。在之前使用线性变换时，我们会指定需要的数据数量，但是如果不知道有多少数据，就可以使用 None，它会根据需要为我们准备合适数量的数据。这个功能非常便利。

如果 BatchNormalization 是和卷积神经网络一起导入的，直接输入通道数就可以了。

接下来，在卷积神经网络中还可以追加导入池化（pooling）。池化的意思相当于在邻近像素的数据之间进行多数表决。卷积神经网络得出的结果基本上都是邻近像素数据的计算结果，这些结果保持原来的位置关系。例如，如果要识别的图像内容是一只狗，卷积神经网络输出的很多个结果中都会包含狗的一部分，通过对邻近像素数据加以比较和整理，最后就能确定该图像的确是一只狗，这就是卷积神经网络的逻辑。下面构建一个包含池化的神经网络的函数。

Chapter6-CIFAR.ipynb

（魔法之语：导入池化层）

```
def model(x):
  h = NN.cnn1(x)
  h = F.relu(h)
  h = NN.bnorm1(h)
  h = F.max_pooling_2d(h, ksize=3,stride=2,pad=1)
  h = NN.l1(h)
  return y
```

上面导入的是 F.max_pooling_2d，被称为最大值池化，意思是取邻近像素中的最大值。此外，还可以借助 functions 神的力量导入其他种类的池化，如被称为平均值池化的 F.average_pooling_2d，意思是取邻近像素的平均值。卷积神经网络和池化操作基本都属于缩小图像尺寸的方法。卷积神经网络在缩小图像尺寸的同时还会增加通道数，以提供各种不同的视角。

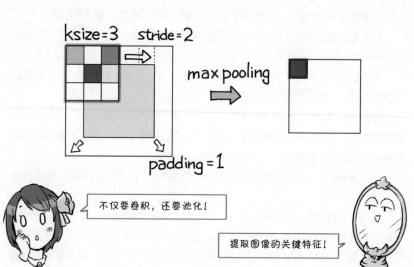

 "就图像数据来说，这毕竟是个精心设计的神经网络。接下来的优化工作不轻松呀，不过还是试试吧！"

 "GPU！GPU！"

 "轮到我们出场了！"

 "拜托啦！！"

```
Chapter6-CIFAR.ipynb
（魔法之语：设置GPU）
gpu_device = 0
cuda.get_device(gpu_device).use()
NN.to_gpu(gpu_device)
```

 "好嘞！这次该我啦！交给我吧！！"

前面已经提到过，卷积神经网络的结构非常复杂，所以优化可能需要很长时间，于是我们决定使用 GPU。

设置优化方法的操作和之前一样。

```
Chapter6-CIFAR.ipynb
（魔法之语：设置优化方法）
optNN = Opt.MomentumSGD()
optNN.setup(NN)
```

学习记录和学习数据的准备工作也和之前一样。然后，我们写下自定义魔法，让魔镜像往常一样开始学习。

```
Chapter6-CIFAR.ipynb
（魔法之语：准备保存学习记录和数据的位置）
train_loss = []
train_acc = []
test_loss = []
test_acc = []
data = cuda.to_gpu([xtrain,xtest,ttrain,ttest],gpu_device)
result = [train_loss,test_loss,train_acc,test_acc]
（魔法之语：张开结界的自定义魔法）
ohm.learning_classification(model,optNN,data,result,100)
```

然而……

"……咦？"

"等，等一下，公主，我记不了啦。等等。"

"等等！等等！"

"什么情况！结界都还没张开呢！"

"脑子里突然涌进一大堆各种各样的图像，没办法一次全记住呀！"

"这样啊……没办法一次应付大量数据。这么多图像，还越来越大。"

"啊，果然出现了这个情况。"

```
CUDARuntimeError: cudaErrorMemoryAllocation: out of
memory
```

"out of memory，内存不足？"

"也就是记忆容量不足，也就是记不完了。也许其他 GPU 能记完。"

"记不完！记不完！"

"我们的记忆容量都一样吧。"

"是啊……要怎么办呢？"

"祖先们曾经说过……学海无涯，先从眼下开始吧。"

"就是这句话！古代的谚语！！可这是什么意思呢？"

"啊……也许是说，虽然要学习的知识是无穷无尽的，但是可以从身边的知识开始学起？"

概率梯度下降法登场

我们发现，如果数据数量太多，神经网络的优化可能会面临内存不足的问题。也就是说，没办法一次性考虑太多事情。

"不要想着拥有一切，总之先学习。"这句话也许就能解答上面的遇到的困难。于是我们决定分割数据，减少每部分数据的数量。古书中也记载了类似的方法，叫作"概率梯度下降法"。其实，优化方法中的 SGD 和 MomentumSGD 中的 SGD 的全称 stochastic gradient descent，就有"概率梯度下降法"的意思。

这里使用的魔法是 chainer 众神中归属于 iterators 的串行迭代器（serial iterator）。事实证明，借助这个魔法的力量没错。

首先，我们拜托 Python 神追加一次召唤，请出串行迭代器。

追加到 Chapter6-CIFAR.ipynb

（魔法之语：召唤串行迭代器）

```
from chainer.iterators import SerialIterator as siter
```

然后暂时删除 data = cuda.to_gpu([xtrain,xtest,ttrain,ttest],gpu_device)，这是为了避免一次性给出全部数据。

另外，在进入下一步学习之前，把 ohm.learning_process_ classification(model,optNN,data,result,100) 也暂时删除。

更改 Chapter6-CIFAR.ipynb

（魔法之语：准备保存学习记录的位置）

```
train_loss = []
train_acc = []
test_loss = []
test_acc = []
result = [train_loss,test_loss,train_acc,test_acc]
```

magic!

串行迭代器是通过从数据集中依次发送固定数量的数据来设定学习节奏的魔法。简单来说，就像制作了一本计算习题册，它并不要求一次性解决 100 个计算题，而是一个一个地出题。这个魔法使用起来非常简单。

```
Chapter6-CIFAR.ipynb
（魔法之语：分割数据集）
batch_size = 5000
train_iter = siter(train, batch_size)
```

第一行的 batch_size 指定每一次处理的数据数量。CIFAR10 有 50000 个训练数据，我们指定每次处理 5000 个，分 10 次发送。串行迭代器的职责就是按照这个指定，把训练数据按每次 5000 个的标准发送完毕。

重复进行每次发送 5000 个的操作，每次的 5000 个数据的学习方法都和之前一样。我们使用了 Python 语中的 while 语句来执行重复发送 5000 个的指令。while 语句和 for 语句很相似，都是用于指定重复相同的操作。

```
Chapter6-CIFAR.ipynb
（魔法之语：用概率梯度下降法进行优化）
nepoch = 10
while train_iter.epoch < nepoch:
  batch = train_iter.next()
  xtrain,ttrain = con.concat_examples(batch)
  data = cuda.to_gpu([xtrain,xtest,ttrain,ttest])
  ohm.learning_classification(model,optNN,data,result,1)
```

magic!

nepoch=10 表示重复 10 次。不过 while 语句必须加上一个结束条件。50000 个训练数据被分成每组 5000 个数据全部发送完毕所花费的时间被称为一个轮次。我们使用查询轮次序号的魔法 train_iter.epoch，在 nepoch=10 轮次后，结束 while 语句中的重复操作。

在这个重复过程中，train_iter.next() 的作用是分割数据并依次发送数据，不断为神经网络的优化准备下一批 5000 个数据。然后，我们借助 convert 神的力量通过 con.concat_examples(batch) 把这批数据再次分成 xtrain 和 ttrain。接着，通过 cuda.to_gpu([xtrain,xtest,ttrain,ttest]) 把数据发送给 GPU。这时就可以和之前一样，通过自定义魔法 ohm.learning_classification 把数据用于神经网络的优化了。

像上面这样，把数据分成许多被称为"批次"的小块后再学习，而不是一次性处理完所有数据的学习方法称为批量学习。其中，随机选择数据进行神经网络优化的方法称为概率梯度下降法。

一批数据分发完毕，train_iter.epoch 就前进一次，好像时钟的指针一样。

"不，不会吧。神经网络的优化工作要像做习题册一样吗？需要这么多次的重复计算吗？"

"呀呀，正好是你的专长嘛，辛苦啦！"

"辛苦啦！辛苦啦！"

"才看了一部分训练数据就果断地调整神经网络，有胆识。"

"如果一次性给魔镜看了全部的训练数据，那它就会看到各种各样的数据……"

"也就等于把数据的总体趋势告诉了魔镜。"

"如果把数据分成几部分分别给它看的话，就可以避开这个趋势……"

"避开！避开！"

"这样的话，鞍点也可以避开吗？"

"说不定可以更快觉醒？！这个方法说不定可以制作出拥有泛化能力的神经网络。"

 "虽然不太明白这个复杂的过程，不过看起来值得一试。"

 "值得！值得！"

 "加油！"

 "这些孩子说不定真能成功……我也来帮忙！"

神经网络的优化在经过很长一段时间后终于结束了。我们发现，在使用单层卷积神经网络时，CIFAR10 的识别精度可以达到 60% 左右。下面是显示误差函数和识别精度的操作。

```
Chapter6-CIFAR.ipynb
（魔法之语：查看学习结果）
ohm.plot_result2(result[0] ,result[1] ,"loss function","step",
                "loss function",0.0,4.0)
ohm.plot_result2(result[2],result[3],"accuracy","step","accuracy")
```

后来，我们把批次的数量调多或调少后又进行了几次实验，结果发现，批次的数量越少，泛化能力越好，可是优化时间也越长，这一点的确是美中不足。

"虽然我们利用概率梯度下降法总算完成了学习……可是精度一直没有提高呀。"

"也许只能尝试更多的神经网络了。"

"挑战！挑战！"

"如果借助 chainer 众神的力量，好像也不是那么困难的事情。"

"是啊，挑战一下吧。不过在这之前，可以追加一个便利功能吗？"

"哦？？"

之前每次张开结界，我都会担心还要多久才能结束。虽然有小矮人帮忙，我还是感到不安，不知道应不应该继续下去。后来，我在古书中发现了一个可以帮助查看学习进度的神——tqdm。

首先，在召唤神的魔法之语中追加下面的语句。

追加到 princess.py

（魔法之语：准备显示剩余时间）

```
from tqdm import tqdm
```

在召唤出 tqdm 神后，像下面这样稍微修改一下自定义魔法。在 for time in range(T): 中加入 tqdm，这样就可以查看大致的剩余时间、每秒的调整次数以及是否对神经网络进行了调整。

另外，由于之后还会对神经网络进行很多次调整，所以我们把结果的记录单位设为 1epoch，也就是完成一次学习所花的时间。在 result[k] 的位置，去掉通过 Tab 键留出的空格，改为和 for 语句对齐。

更改 princess.py

（魔法之语：修改自定义魔法使其适用于概率梯度下降法）

```
def learning_regression(model,optNN,data,result,T=10):
  for time in tqdm(range(T)):
    config.train = True
    optNN.target.cleargrads()
    ytrain = model(data[0])
    loss_train = F.mean_squared_error(ytrain,data[2])
    loss_train.backward()
    optNN.update()
  ◁ 去掉空格
  config.train = False
  ytest = model(data[1])
  loss_test = F.mean_squared_error(ytest,data[3])
  result[0].append(cuda.to_cpu(loss_train.data))
  result[1].append(cuda.to_cpu(loss_test.data))

def learning_classification(model,optNN,data,result,T=10):
```

```
for time in tqdm(range(T)):
  config.train = True
  optNN.target.cleargrads()
  ytrain = model(data[0])
  loss_train = F.softmax_cross_entropy(ytrain,data[2])
  acc_train = F.accuracy(ytrain,data[2])
  loss_train.backward()
  optNN.update()
```

◁ 去掉空格

```
config.train = False
ytest = model(data[1])
loss_test = F.softmax_cross_entropy(ytest,data[3])
acc_test = F.accuracy(ytest,data[3])
result[0].append(cuda.to_cpu(loss_train.data))
result[1].append(cuda.to_cpu(loss_test.data))
result[2].append(cuda.to_cpu(acc_train.data))
result[3].append(cuda.to_cpu(acc_test.data))
```

"这个真方便呀，可以看到还有多久才能关闭结界。心情都舒畅一点了。"

"心情舒畅！心情舒畅！"

"我们也可以算着时间，提前备好咖啡来犒劳大家啦！"

"喂！等一下！！"

from tqdm import tqdm

52/100 [00:28 < 00:55, 24.9 it/s]

 "构建深度神经网络的步骤越来越复杂，所以整洁清晰的写法很重要。"

 "而且魔法之语也越来越多。"

 "整洁清晰！整洁清晰！"

 "这时候是不是使用自定义魔法比较好呢？"

 "终于到了使用类的时候了。"

 "使用类？"

 "不错，Python 语真正强大的地方不仅是能够使用自定义的魔法之语，而且还能孕育出继承魔法力量的天使。"

 "啊啊啊啊啊啊！！"

 "天使！天使！"

 "比如可以孕育出创造卷积神经网络的天使。"

 "也就是说，有了这位天使的帮助，卷积神经网络就能变得更深、更大吗？"

 "是的。其实在刚开始研究 Python 语时我就发现了这个概念，可是当时不太理解，觉得有点难……所以一直没理会。不过现在我有信心了，因为已经习惯了 Python 语。"

"到底写了些什么呢？哇，这是什么呀？"

"是吧，确实有点难。不过我们可以一句一句地解读。"

使用 Python 语不仅能操纵众神的魔法力量,还能孕育出继承魔法力量的天使。这位天使叫作类。chainer 众神的同伴 Variable 和 Chain 就是被称为类的天使。

现在准备孕育创造卷积神经网络的天使。

卷积神经网络的麻烦之处在于需要连续使用一连串的魔法。例如,首先是 L.Convolution2D, 然后是 F.relu, 接着是 L.BatchNormalization, 还有 F.max_pooling, 等等。于是我们决定孕育一位能够使用上面一连串魔法的天使。

追加到 princess.py

（魔法之语：制作卷积神经网络的类）

```
class CNN(Chain):
  def __init__(self, ch_in,ch_out,
                ksize=3,stride=2,pad=1,pooling=True)
    self.pooling = pooling
    layers = {}
    layers["conv1"] = L.Convolution2D(ch_in,ch_out,ksize=ksize,
                                stride=stride,pad=pad)
    layers["bnorm1"] = L.BatchNormalization(ch_out)
    super().__init__(**layers)                        （续）
```

这里先说明一下上面步骤的含义。class CNN 部分声明孕育名为 CNN 的天使。

接下来的 (Chain) 的意思是继承 chainer 众神属下名为 Chain 的天使的能力。也就是说,我们并非从零开始自己孕育天使,而是继承和利用其他天使的能力,用这种方式可以孕育出拥有强大魔法力量的天使。

下一行的 def __init__ 记录了我们孕育出的天使拥有哪些能力。接着准备孕育天使时需要的参数。ch_in 和 ch_out 是卷积神经网络的通道数,分别指定输入通道数和输出通道数。self 是咒语。ksize、stride、pad 指定卷积神经网络的设置。

然后是 layers={},开始编写神经网络词典。我们希望即将诞生的天使拥有创造被指定为 layers["conv1"]、layers["bnorm1"] 的神经网络的力量，于是记下这个愿望。self. pooling=pooling 指定是否执行后面的池化。

最后是 super()，它继承了比我们孕育的天使级别更高的天使，也就是 chainer 众神属下的 Chain 天使的力量。之前在创造神经网络时，我们写的是 Chain(**layers)，不过这里要写 super().__init__ (**layers)，也就是要把 Chain 换成 super().__init__。这样我们就孕育出了自己的天使——一位继承了 Chain 的能力的天使。

现在，我们的天使 CNN 已经继承 Chain 的能力，能够按照 layers 中记录的内容创造神经网络了。

"这样就可以召唤出我们自己的天使了，一位继承了 Chain 的能力的天使。"

"而且是一位能够创造卷积神经网络的天使。"

"天使！天使！"

"也就是说，我们孕育出了一位仅次于神的天使吗？"

"虽然有些僭越的感觉，不过神和我们已经很亲近了，应该没关系吧。"

接下来需要指定天使的职责。如果只是把天使孕育出来而不让他做点事情，那就太可惜了。机会难得，我们利用天使创造卷积神经网络的能力，像下面这样开启了一连串的魔法。

追加到 princess.py

（魔法之语：指定天使的职责）

（续）

magic!

```
def __call__(self,x,ksize=3,stride=2,pad=1):
    h = self.conv1(x)
    h = F.relu(h)
```

```
h = self.bnorm1(h)
if self.pooling == True:
    h = F.max_pooling_2d(h,ksize=ksize,
                         stride=stride,pad=pad)

return h
```

在 class CNN(Chain): 和 def __init__(self,...): 后面写下魔法之语，按同样的方式使用 Space 键或 Tab 键写在 class CNN 里面。其中，self 的意思是使用天使自己的魔法。根据刚才写下的魔法之语，天使已经拥有了创造 conv1 和 bnorm1 的能力，我们让它启用这个能力。最后，self.pooling 用来切换是否使用 max_pooling_ 2d。

 "成功了吗？"

 "成功了！成功了！"

 "接下来要怎样做才能召唤出天使呢？"

 "这个嘛，如果我们要做的事情和刚才使用的卷积神经网络一样，只要写下 cnn1 = ohm.CNN(ch,H1) 就行了。"

 "就这样？召唤方法真简单啊。"

 "简单！简单！"

 "cnn1？难道可以召唤出好几位天使吗？"

 "不错。可以一位接一位地召唤出创造卷积神经网络的天使哦。"

  "啊————！！！"

要召唤出我们自己孕育的天使非常容易。现在，我们能轻松地把肩负多个任务的卷积神经网络嵌入魔镜了。

更改 Chapter6-CIFAR.ipynb
（魔法之语: 多任务卷积神经网络）

```
C = ttrain.max()+1
H1 = 32
layers = {}
layers["cnn1"]  = ohm.CNN(ch,H1)
layers["cnn2"]  = ohm.CNN(H1,H1)
layers["cnn3"]  = ohm.CNN(H1,H1)
layers["l1"]  = L.Linear(None,H2)
layers["l2"]  = L.Linear(H2,C)
layers["bnorm1"]  = L.BatchNormalization(H2)
NN = Chain(**layers)
```

神经网络词典中的关键词 cnn1 和 cnn2 可以自由命名。我们把它们分别命名为 CNN(ch,H1) 和 CNN(H1,H1)，在名字中指定了参数，然后各位天使就开始创造卷积神经网络了。

接下来指定使用神经网络处理数据的方式。

更改 Chapter6-CIFAR.ipynb
（魔法之语: 多任务卷积神经网络函数）

```
def model(x):
  h = NN.cnn1(x)
  h = NN.cnn2(h)
  h = NN.cnn3(h)
  h = NN.l1(h)
  h = F.relu(h)
  h = NN.bnorm1(h)
  y = NN.l2(h)
  return y
```

magic!

这样就能使用卷积神经网络了，就像使用早就准备好的魔法一样。这种写法可以构建出由简单重复的操作组成的深度神经网络。

 "天使在魔镜身边翩翩起舞。"

 "天使！天使！"

 "这些就是公主孕育出来的天使吗？"

只要写下 layers["cnn1"] = ohm.CNN(ch,H1)，
马上就能召唤出天使。

记住了类，也就快成 Python 达人了。

 "太棒啦！只是简单地多次叠加卷积神经网络，就成功构建出了深度神经网络！"

6-5 提高泛化能力所需的努力

　　我们尝试了多次叠加卷积神经网络，也就是"深度学习"。CIFAR10 的识别精度不断提高，同时又好像达到了某种极限，泛化能力的提高并不像我们想象得那样一帆风顺。

"快不行了！快不行了！"

"也许 70% 已经很不错了。看来就算这么深的神经网络，在提高泛化能力上也还是存在天花板的。"

"误差函数怎么在慢慢上升呢？"

"识别精度已经停止上升了。"

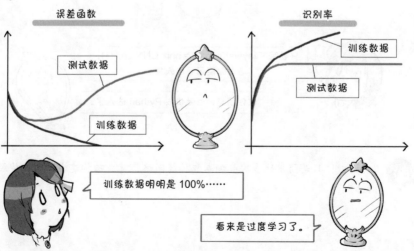

"嗯，在训练数据上，倒是个识别精度为 100% 的优秀神经网络。"

"也就是说，在没见过的数据上成绩并不好，是吗？"

"测试成绩不好吗？"

"是啊。我试着改变了卷积神经网络的一些条件，把 max_pooling 的范围改成 ksize=5，然后就变成了下面这样。"

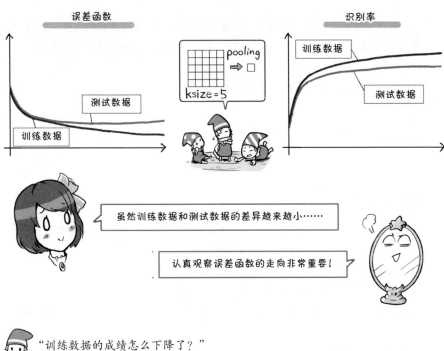

"训练数据的成绩怎么下降了？"

"测试数据反而上升了一点。"

"难道训练数据仍然处于过度拟合状态？"

"什么意思？什么意思？"

"这个叫作过度学习，意思是过度拟合眼前的数据，却不能拟合其他数据。"

"原来是这样啊，难怪。我刚才还觉得奇怪呢，误差函数怎么在慢慢上升。"

"就算训练数据的误差函数已经下降得很低了，但是测试数据的误差函数还是在慢慢上升。"

"这和 ksize 有什么关系吗？"

"我试着扩大了池化范围，让魔镜只是粗略地识别图像的内容。我想，如果不那么在意训练数据的细节，也许更容易识别出没有见过的东西。"

"克服过度学习不能用常规办法。"

"好好调整的话……成功啦！！"

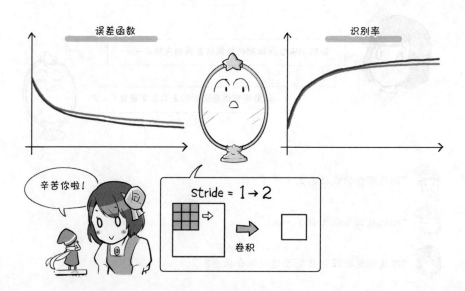

"噢噢，果然。也就是说，要改变卷积神经网络的形状，让它和训练数据的拟合程度保持在一个刚刚好的状态。"

"好像还有其他各种方法。其中有一个著名的中退取舍法（也称丢弃法），就是在经过神经网络后，只要使用下面的魔法之语，就可以对训练数据的拟合程度进行调整，防止出现过度拟合。"

（魔法之语：使用中退取舍法）
```
h = F.dropout(h,ratio)
```

"中退取舍法？"

"就是让神经网络的一部分保持原样，剩下的部分就不管了。"

"ratio 又是什么呢？"

"ratio 表示不用管的那部分神经网络的比例，我们只要优化另一部分神经网络来拟合训练数据就行了。这样就可以防止过度拟合。"

"啊，这个要是我来做的话，也许一不小心就成功了。"

"好好按照魔法之语执行优化吧！！"

"哈哈哈！不错，拟合过头了反而不好。"

"如果训练数据拟合得太好，那在正式测试的时候，就算测试数据只有一点点变化，处理起来也会很困难。"

"既然这样，那么不使用全连接神经网络不是更好吗？"

"咦，你说什么？"

"在帮忙微调魔镜的时候，我发现误差逆向传播算法，其实是一种从后面倒着向前面对神经网络的输出与实际数据的拟合情况进行微调的方法。"

"这是什么意思？"

"我们在最后面的全连接神经网络上费了九牛二虎之力，结果，拟合情况也就马马虎虎吧。"

"也就是说，在卷积神经网络上下功夫收获不大？"

"可能是吧。"

"去掉吧！去掉吧！"

"可是这么做的话，就没办法整理卷积神经网络的输出结果了。"

使用全连接神经网络进行整理

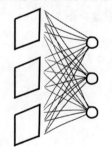

C 个输出

全局平均池化

$F.mean(h, axis=(2,3))$

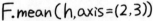

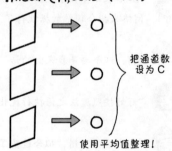

把通道数设为 C

使用平均值整理！

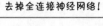去掉全连接神经网络！

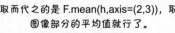取而代之的是 F.mean(h,axis=(2,3))，取图像部分的平均值就行了。

"嗯？那就取全部输出结果的平均值可以吗？"

 "平均！平均！"

 "只要把卷积神经网络最后的通道数和想要识别出的数据种类数匹配好，应该没问题。"

 "啊，你们是神经网络天才吗……？！"

　　现代小矮人在接替神经网络的优化工作后，好像渐渐找到了感觉，提出了出人意料的建议。

　　为了整理卷积神经网络的输出结果，我们果断地舍弃了很多个全连接神经网络的操作，还把卷积神经网络的输出数量设为想要识别出的数据种类的数量 C，再利用 functions 神的 F.mean 魔法计算输出数据的平均值。

```
（魔法之语：导入 Global average pooling）
layers["cnn3"] = CNN(H1,H1)
      ⬇ 改写
layers["cnn3"] = CNN(H1,C)

y = NN.l1(h)
y = F.relu(h)
y = NN.l2(h)（最后面的全连接神经网络部分）
      ⬇ 改写
y = F.mean(h,axis=(2,3))
```

　　卷积神经网络的输出数据依次是数据数、通道数、输出结果的高度、输出结果的宽度。通过 axis=(2,3)，我们得到了第 3 个和第 4 个参数，也就是输出结果的高度和宽度的平均值。由于是面向全局的数据取平均值，所以称为全局平均池化。

"果然！泛化能力提高了！"

"没有了全连接神经网络的部分，工作量大大减少，真轻松呀。"

"轻松！轻松！"

"随着优化工作的推进，卷积神经网络的能力不断增强，不知不觉都有点上瘾了。"

"多亏了大家的努力，现在整个神经网络学习数据的能力已经非常强了！真是太好了！"

自古以来，人们为了提高泛化能力做过各种各样的努力。
古书中就有一个出现了很多次的方法，叫作正则化。

（魔法之语：WeightDecay，L2 范数正则化）

```
from chainer import optimizer_hooks as oph
OptNN.add_hook(oph.WeightDecay(rate = 0.0005))
```

只要写下上面的魔法之语，优化方法就会自动设置为 L2 范数正则化，也称为权重衰减法。使用这个方法需要召唤出 chainer 众神中的 optimizer_hooks 神，我们称他为 oph 先生，这位神会帮助我们优化神经网络，防止优化过度，避免过度拟合眼前的数据。他就像一位长辈，一直在旁边温暖地守护我们这群热血朝天、干劲十足的年轻人。在 oph 先生启动 WeightDecay 魔法后，在为了拟合训练数据而进行优化的同时，还有一种降低神经网络权重的机制在起作用。乍看之下，这样做好像会妨碍优化，可是只要想一想，这其实是出于防止过度拟合数据的考虑，也就不难理解了。

如果在学习的时候心猿意马，就不可能取得好成绩。话虽如此，放松心情同样很重要。中退取舍法认为适当的学习速度更好，从这个意义上来说，这两种方法的思维方式很相似。

除了上面的正则化方法之外，还有被称为 L1 范数正则化（也称 LASSO）的正则化方法。

（魔法之语：LASSO，L1 范数正则化）
```
from chainer import optimizer_hooks as oph
OptNN.add_hook(oph.Lasso (rate = 0.0005))
```

这个魔法采用了 oph 先生的大胆提议，根据情况切掉一部分神经网络。中退取舍法对部分神经网络采取置之不理的态度，而 LASSO 则是直接把它们切掉不要。

这两个方法在神经网络优化上的愉懒程度可以用数值 rate 来指定。综合这些数值和正则化进行调整，尽量使训练数据和测试数据的误差函数都能不断下降。

 "我有个主意。想办法多制作一些训练数据，尽可能多地制作各种各样我没见过的数据。"

 "什么意思？"

 "使用 Python 语可以对图像进行各种操作，对吧？"

 "用这个办法制作新的训练数据吗？"

 "比如把图像翻转过来吗？"

 "我想起了爷爷说过的话——翻转的青蛙还是青蛙。"

 "对呀！这个主意真有意思！"

为了提高泛化能力，除了自古流传下来的那些方法以外，魔镜还提出了一个大胆的方法。我们决定称它为数据扩充。

把一只青蛙的图像数据翻转过来，图像仍然是一只青蛙。稍微移动也是一样，仍然不会改变这是一张青蛙图像的事实。于是我们想到，只要把原本相同的图像进行翻转或者稍微移动，不就能制作出本质相同的图像了吗?

简单来说，就是数据增强。

所以，在把训练数据分成小块给魔镜看的地方，就要做一点修改，以实现数据增强。

首先，准备好下面的自定义魔法，写下加工数据的语句。

追加到 princess.py

（魔法之语：用于数据集增强的变换函数）

```python
def flip_labeled(labeled_data):
  data, label = labeled_data


  z = np.random.randint(2)
  if z == 1:
    data = data[:,::-1,:]


  z = np.random.randint(2)
  if z == 1:
    data = data[:,:,::-1]


  z = np.random.randint(2)
  if z == 1:
    data = data.transpose(0,2,1)


  return data, label
```

这个魔法可以使图像按照上下、左右 90° 的方式旋转。

z = np.random.randint(2) 的意思是在各个时间点随机产生数字 0 或 1，if z==1 表示如果出现的数字碰巧是 z=1，那么由于 data = data[:,:,::-1]，图像就会在这里上下翻转。::-1 表示将所有数据翻转使用。在 Python 语中，a:b:c 表示一个间隔为 c 的从 a 到 b 的排列。如果在 a 和 b 中不填入任何字符，就表示一个从头到尾的排列；如果在 c 的地方填入 -1，就表示翻转这个排列。transpose(0,2,1) 的意思是把原本按照 0、1、2 的顺序排列的数据变为按照 0、2、1 的顺序排列。原来的顺序是 ch、Nx、Ny，所以会变成 ch、Ny、Nx 的顺序，也就是说，ch 保持原样，Ny 和 Nx 交换位置，这样来进行旋转。

另外，即使稍微移动产生错位也不会改变原来数据的种类，于是我们借助 numpy 神的力量，启动了移动图像位置的魔法，这样可以增加一些移位的图像数据。

追加到 princess.py

（魔法之语：用于数据集增强的变换函数）

```python
def shift_labeled(labeled_data):
    data, label = labeled_data

    ch,Ny,Nx = data.shape
    z_h = Ny*(2.0*np.random.rand(1)-1.0)*0.2
    z_v = Nx*(2.0*np.random.rand(1)-1.0)*0.2
    data = np.roll(data,int(z_h),axis=1)
    data = np.roll(data,int(z_v),axis=2)

    return data, label
```

在 z_h 中，把在 Ny 上的移动幅度的最大值设为 20%，通过 2.0*(np.random.rand(1)-1.0) 利用 -1.0 ~ 1.0 之间的随机数确定纵向的移动幅度。z_v 确定横向的移动幅度。根据这些移动幅度，使用 numpy 神的魔法力量 roll 将图像在纵横方向上进行移动。

"准备好上面这些魔法。"

"好嘞！搞定啦！"

"等等，等等。只是这些还不够哦。现在准备的不过是规则，还需要chainer 众神中的小 ds，哦，不，是 datasets 神的帮忙，他负责全权管理数据的变换。"

"小 ds！小 ds！"

"公主，你刚刚是这么说的吗？"

"没有没有，你听错了！我说的是 datasets 神！！在把数据分割成小批次的地方加入这些魔法。快看，成绩上升了！"

准备好上面的变换规则之后，再借用 datasets 神的魔法力量进行图像变换的实际操作。方法很简单，写下 ds.TransformDataset(batch, 使用的变换规则) 就行了。这样就完成了魔法之语的部分更改。

更改 Chapter6-CIFAR.ipynb

（魔法之语：张开结界）

```
batch_size = 5000
train_iter = siter(train, batch_size)
while train_iter.epoch < nepoch:
  batch = train_iter.next()
  batch = ds.TransformDataset(batch, ohm.flip_labeled)
  batch = ds.TransformDataset(batch, ohm.shift_labeled)
  xtrain,ttrain = con.concat_examples(batch)
  data = cuda.to_gpu([xtrain,xtest,ttrain,ttest])
  ohm.learning_classification(model,optNN,data,result,1)
```

magic!

现在，我们有了根据原来的数据变换而来的数据，属于同一种类的图像的数量增加了。翻转也好，旋转也罢，移动后的青蛙还是青蛙。真是一点儿没错呀。

 "话说，我想提前知道学习什么时候结束，还有进展是否顺利。"

 "我也想知道。如果看起来不顺利的话，我们可以不必等结界自己关闭，而是马上重新开始，进行试错。"

 "试错！试错！"

 "可以请 pyplot 神帮忙吗？"

 "那样的话，记录结果就会铺天盖地地装满镜子，让人眼花缭乱。我希望魔镜只显示当前的学习情况。"

"这样的话，你可以去 IPython 众神那儿借助 display 神的力量。"

"教教我，教教我！"

在张开结界进行学习的时候，有时我们会想看一下中间结果的情况。这时可以召唤 IPython 众神中的 display 神，请他帮忙。

追加到 Chapter6-CIFAR.ipynb

（魔法之语：追加到读取模块）

```
from IPython import display
```

如果想查看概率梯度下降法的中间结果，就在 while 语句中添加下面的魔法之语。

更改 Chapter6-CIFAR.ipynb

（张开结界）

```
batch_size = 5000
train_iter = siter(train, batch_size)
while train_iter.epoch < nepoch:
  batch = train_iter.next()
  batch = ds.TransformDataset(batch, ohm.flip_labeled)
  batch = ds.TransformDataset(batch, ohm.shift_labeled)
  xtrain,ttrain = con.concat_examples(batch)
  data = cuda.to_gpu([xtrain,xtest,ttrain,ttest])
  ohm.learning_classification(model,optNN,data,result,1)
  if train_iter.is_new_epoch == 1:
    display.clear_output(wait=True)
    print("epoch:",train_iter.epoch)
    ohm.plot_result2(result[0],result[1],"loss function",
```

```
                    "step","loss function",0.0,4.0)
⇨⇨ ohm.plot_result2(result[2],result[3],"accuracy",
                    "step","accuracy")
```

train_iter.is_new_epoch 魔法表示一个轮次结束，开始下一个轮次。当它是 True，也就是 1 的时候，if 语句后的魔法就会启动。

display.clear.output(wait=True) 魔法表示在等待下一步输出结果的同时显示结果。

接着是 print("epoch: ",train_iter.epoch)，意思是显示字符 epoch:，还有 train_iter.epoch，也就是当前的轮次序号。再下一行直接显示自定义魔法的两个结果。当下一个轮次开始的时候，display 魔法会清除之前显示的内容，切换为显示新内容。在 jupyter notebook 上使用魔法可以一边观察结果，一边试错，即时修改设置，非常方便。

6-6 构建便利的神经网络

"像这样用这么深的神经网络把图像变形这么多次后，图像的本质真的不会改变吗？"

"确实存在这个问题。如果把一个图像每次都变小一点点，那么这个图像可能就会和原来的模样越来越不同……"

"可是古书中说，网络更深更有利于识别图像。难道就没有什么好的办法了吗？"

"那就不管进来的图像，先让深处的神经网络学习，怎么样？"

"咦？什么意思？"

"先到先走，先把进来的数据送走。"

"先到先走！先到先走！"

"相当于让深处的神经网络预习功课对吧。"

"好嘞！我来试试！"

"我来帮你制作类。"

又是一个大胆的建议。按照先来后到的顺序把数据发送给深处的神经网络，也就是说，神经网络接收到的不只是变形后的图像，还有变形前的图像。这样一来，即使在深度神经网络中，原始数据也能传到网络深处，而收到了原始数据的神经网络就可以集中精力学习从原始图像中不易提取到的残留特征。我们决定称它为"残差学习"。小矮人在感知神经网络方面果然很有天分，难道是得益于祖先的基因吗？

为了写出便于使用的魔法之语，我们把一连串的神经网络操作放进被称为 block 的块里面。

追加到 princess.py

（魔法之语：构建残差学习网络）

```python
class ResBlock(Chain):
    def __init__(self, ch, bn=True):
        self.bn = bn
        layers = {}
        layers["conv1"] = L.Convolution2D(ch,ch,3,1,1)
        layers["conv2"] = L.Convolution2D(ch,ch,3,1,1)
        layers["bnorm1"] = L.BatchNormalization(ch)
        layers["bnorm2"] = L.BatchNormalization(ch)
        super().__init__(**layers)

    def __call__(self, x):
        h = self.conv1(x)
        if self.bn == True:
            h = self.bnorm1(h)
        h = F.relu(h)
        h = self.conv2(h)
        if self.bn == True:
            h = self.bnorm2(h)
        h = h + x
        h = F.relu(h)
        return h
```

总共经过两次卷积神经网络，中间还有非线性变换 ReLU。

在最后的结果 h 中，直接追加输入的数据 x。我们将制作出这样的神经网络块的天使取名为 ResBlock。在孕育这位天使的时候，我们提前准备了参数 bn。

默认参数是 bn=True，意思是使用批量标准化。天使要做的工作写在 __call__ 的地方，这里有一个 if 语句，如果 self.bn 是 True，就进行批量标准化；如果不使用批量标准化，只要写下 ResBlock(ch, bn=False) 召唤出天使就行了。

self.bn = bn 可以把 __init__ 的参数直接用于 __call__。

召唤一次就能帮我们做这么多计算呀！

利用类可以随心设计！

"像这样把各种各样的工作放进块里倒是很方便呢。"

"越来越想加深神经网络了。"

"现在虽然有了卷积神经网络,可是其中的卷积核大小,还有确定移动幅度的步长、确定边缘范围的填充,这些数值要怎么来确定呢?"

"随意给个值不就行了吗?"

"一般来说,卷积核大小可以设为自己喜欢的数值,步长是 1,填充就取小于卷积核大小一半左右的整数值,这样,图像的大小就会基本保持不变。"

"如果步长是 2 会怎样呢?"

"就会有一个卷积窗口超出边缘,所以图像的大小就会变成原来的一半,应该会变得很小。要试试看吗?"

在写魔法之语的时候,我偶尔会想象,在卷积神经网络中,图像的大小是怎么变化的。这时,使用下面的魔法之语马上就能知道答案。

追加到 princess.py
(魔法之语: 查询输入/输出关系的自定义魔法)

```python
def check_network(x, link):
    print("input:", x.shape)
    h = link(x)
    print("output:", h.shape)
    return h
```

使用方法非常简单,用 print 显示输入图像的通道数、高度、宽度和输出图像的通道数、高度、宽度即可。在 print 中,把希望显示的字符写在 " " 里面后,继续写下用 Python 语编写的魔法结果,就会同时显示字符和结果,如 output: 字符和 h.shape 的数值。使用时只要准备一个输入图像的数据或一个被神经网络变形后的图像即可。

"这个自定义魔法还可以这样用。书中记载,需要批量标准化的数据数量一般比较多,所以至少要制作两个数据。"

[魔法之语:查询神经网络输入/输出关系(CNN1)]

```
x = np.random.rand(2*ch*Ny*Nx).reshape(2,ch,Ny,Nx)\
    .astype(np.float32)
h = ohm.check_network(x,L.Convolution2D(ch,10,ksize=3,
                                        stride=1,pad=1)
```

"这种情况下,卷积核大小是3,步长是小于它的一半(1.5)的整数值,也就是1。噢噢,输入和输出的图像大小一样。"

"啊,感觉真不错。"

"如果把步长变成2会怎样呢?"

"大概是这样。"

[魔法之语:查询神经网络输入/输出关系(CNN2)]

```
x = np.random.rand(2*ch*Ny*Nx).reshape(2,ch,Ny,Nx)\
    .astype(np.float32)
h = ohm.check_network(x,L.Convolution2D(ch,10,ksize=3,
                                        stride=2,pad=1)
```

"噢噢!输出的大小变成了输入的一半。"

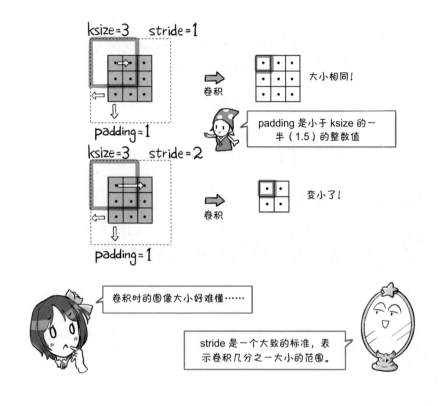

ksize=3 stride=1

卷积 → 大小相同！

padding=1

padding 是小于 ksize 的一半（1.5）的整数值

ksize=3 stride=2

卷积 → 变小了！

padding=1

卷积时的图像大小好难懂……

stride 是一个大致的标准，表示卷积几分之一大小的范围。

"如果大小不完全一致，可以根据原始图像的大小是奇数还是偶数使用填充数值进行微调，也可以改变卷积核大小。如果改变的是步长宽度，图像的大小就会变成原来的一半，这对结果的影响很大。"

"可以查看一下刚才制作的 ResBlock 吗？因为是那个'随意'的孩子做的，我不太放心……"

"没问题啦！"

"当然可以。照下面这样做就好啦。"

> [魔法之语: 查询神经网络输入/输出关系（ResBlock）]
> ```
> x = np.random.rand(2*ch*Ny*Nx).reshape(2,ch,Ny,Nx)\
>         .astype(np.float32)
> h = ohm.check_network(x,ResBlock(ch))
> ```

"噢噢，这个 ResBlock 没有改变图像的大小。"

"哦，我随意做的，不过结果很不错嘛。"

"在图像的大小和通道数都没有改变的情况下，经过非线性变换和神经网络后，完美地提取出了图像的关键信息。真是太棒了！"

"还是原来那么大！还是原来那么大！"

"网络越深数据就越难送到，最后，如果想用 h=h+x 重新使用最初输入的数据，那么图像的大小和通道数就不能发生变化。"

"啊，我想到了一个有趣的形状！就叫它 Bottleneck 吧！"

　　小矮人在深度学习方面确实天赋异禀，和 ResBlock 的想法类似，现在又创造出了新的块。我们在不改变网络内已有神经网络权重的情况下，制作出了更深一层的神经网络。

追加到 princess.py
（魔法之语: Bottleneck 块的类）
```
class Bottleneck(Chain):
  def __init__(self, ch, bn=True):
    self.bn = bn
    layers = {}
    layers["conv1"] = L.Convolution2D(ch,ch,ksize=1,
```

```
                                  stride=1,pad=0)
  layers["conv2"] = L.Convolution2D(ch,ch,ksize=3,
                                  stride=1,pad=1)
  layers["conv3"] = L.Convolution2D(ch,ch,ksize=1,
                                  stride=1,pad=0)
  layers["bnorm1"] = L.BatchNormalization(ch)
  layers["bnorm2"] = L.BatchNormalization(ch)
  layers["bnorm3"] = L.BatchNormalization(ch)
  super().__init__(**layers)
def __call__(self,x):
 h = self.conv1(x)
 if self.bn == True:
   h = self.bnorm1(h)
 h = F.relu(h)
 h = self.conv2(h)
 if self.bn == True:
   h = self.bnorm2(h)
 h = F.relu(h)
 h = self.conv3(h)
 if self.bn == True:
   h = self.bnorm3(h)
 h = h + x
 h = F.relu(h)

 return h
```

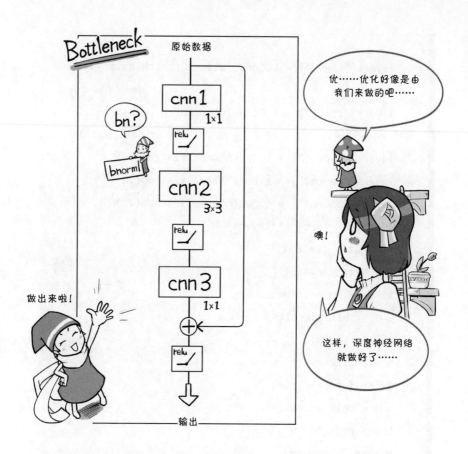

 "原来如此。更深的神经网络可以进行变换，所以就算面对很复杂的数据也能从不同视角看清它的本质。"

 "是的。卷积神经网络的作用就是在对图像进行剪切和组合后，再详细研究它的内容，所以这个块也是一个非常有用的形状。"

"使用卷积神经网络后，图像的大小要么不变，要么越来越小，这是个问题呀。"

"为什么呢？"

"有时候为了看清楚内容，需要把图像放大。"

"啊，把小小的图像放大！这样的话，在魔镜里就会映出一个大大的怪物，我就可以拿去吓人啦！"

"你到底在想什么呀！？"

"不过，像之前的手写字符还有古代文明的图像，有的就是因为画面太小而看不清楚，这时候如果能放大的话就好办多了。"

"虽然在卷积神经网络把图像缩小的过程中，我们知道那是一只青蛙，可是缩小之后的图像，我们就完全不认识了。"

"那就把图像放大而不是缩小不就行了吗？反向卷积怎么样？"

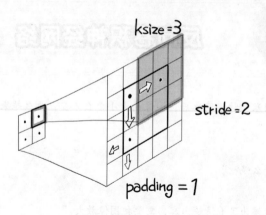

ksize=3

stride=2

padding=1

反向卷积，想得倒是很简单……

有些部分重合了，有点担心呢……

 "反向卷积！反向卷积！"

 "啊，找到了！古书中有记载哦！叫作 Deconvolution2D。使用方法好像和 Convolution2D 一样。"

 "真方便呀。这样的话，放大图像也很简单了。"

 "把图像变得比原来更大、更容易看清楚，这叫作超分辨率。它能把不清晰的图像变清晰，让人一眼就能看出图像的内容，非常方便。"

 "啊！还有其他放大图像的方法，叫作像素重组！"

反向卷积神经网络有两个致命的缺点。如果卷积核大小和步长调整不当，那么生成的图像就会变成棋盘格状，或者模糊不清。

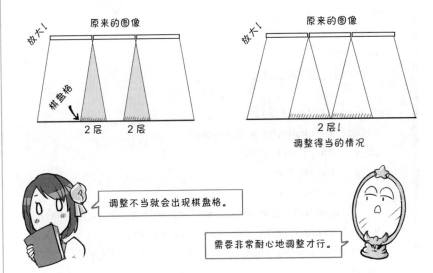

调整不当就会出现棋盘格。

需要非常耐心地调整才行。

在反向卷积神经网络中，每个像素都先按照指定的卷积核大小进行放大，再根据步长宽度依次排列。但是由于只进行了放大操作，生成的图像模糊不清，有时候相邻像素的图案重叠在一起，呈现出棋盘格的形状。据说像素重组技术就是为了解决这些问题而诞生的。

像素重组通过为每个像素配备多个通道数据，并把它们组合起来制作尺寸较大的图像。

例如，如果有一个 4 通道的数据，把它排列在 1 个像素上，就可以制作出高度和宽度均为原来 2 倍的图像。这就像用瓷砖铺地板，美观与否且不论，只要有 4 块瓷砖，就能按照纵向 2 列、横向 2 行的方式，把它们铺成一块宽敞的地板。我们发现使用这种方式就能制作出大尺寸的图像。

（魔法之语：像素重组）

magic!

```python
class PixelShuffler(Chain):
  def __init__(self,ch,r=2):
    self.r = r
    self.ch = ch
    super().__init__()

  def __call__(self,x):
    batchsize,ch,Ny,Nx = x.shape
    ch_y = ch//(self.r**2)
    Ny_y = Ny*self.r
    Nx_y = Nx*self.r
    h = F.reshape(x, (batchsize, self.r, self.r, ch_y, Ny, Nx))
    h = F.transpose(h, (0, 3, 4, 1, 5, 2))
    y = F.reshape(h, (batchsize, ch_y, Ny_y, Nx_y))
    return y
```

首先设置参数，指定像素重组放大图像的比例。我们把这个比例设置成了默认参数 r=2，表示高度和宽度都放大为原来的 2 倍。另外，相当于瓷砖数量的通道数会根据发送的数据发生变化，所以把它也设为参数。

在 def __init__ 里直接使用参数，也就是 self.r=r、self.ch=ch。在 def __call__(self,x) 中详细说明使用时如何变换。

先读取最初输入的数据形状，也就是 batchsize,ch,Ny,Nx = x.shape。然后用 ch_y = ch//(self.r**2) 计算输出时的通道数。

由于是 self.r**2，所以除数是 r 的平方，也就是变为 1/4。例如，如果在纵向和横向各铺 2 块瓷砖来制作 1 块更大的瓷砖，那么总共需要 4 块瓷砖。类似地，生成的图像大小为 Ny_y = Ny*2，高度为原来的两倍，Nx_y = Nx*2，宽度也为原来的两倍。完成生成图像的计算后，用 F.reshape(x, (batchsize, self.r, self.r, ch_y, Ny, Nx)) 对瓷砖进行排列。原来的顺序是数据数、通道数、高度和宽度，现在要变为数据数、纵向瓷砖数、横向瓷砖数、通道数、高度和宽度。接下来使用 transpose，通过改变顺序把图像的像素铺成瓷砖形状。

在新形状的基础上，再通过 F.rehsape(h,(batchsize, ch_y, Ny_y, Nx_y)) 完成像素重组。

"这和神经网络不一样，是因为中间没有加入线性变换或者非线性变换吗？"

"是啊。只是准备了很多张小图像，把它们在纵横方向上重新排列整齐，变成了一张大图像而已。"

"那么也就不用进行神经网络优化了吧？"

"开心！开心！"

"虽然图像的放大操作变简单了，但是因为中间没有非线性变换，所以必须和卷积神经网络一起使用。当卷积神经网络的卷积核大小是 3、步长是 1、填充是 1 的时候，图像大小不会发生变化，所以和像素重组一起使用比较好。"

据说古人曾经孕育了一位把卷积神经网络、批量标准化、ReLU 非线性变换和中退取舍法全部集于一身的天使。

神经网络中的基本操作包括线性变换、批量标准化和非线性变换，有时还有中退取舍法。如果把这些操作放在一起，随时召唤，确实很方便。

我们在古书中发现了一位名为 CBR 的天使，他集合了 convolution batch normalization 和 ReLU。

```
追加到 princess.py
（魔法之语：CBR 块的类）
class CBR(Chain):
  def __init__(self, ch_in, ch_out, sample="down",
               bn= True,  act=F.relu, drop=False):
    self.bn = bn
    self.act = act
    self.drop = drop

    layers = {}
```

```
if sample == "down":
    layers["conv"] = L.Convolution2D(ch_in, ch_out, 4, 2, 1)
elif sample == "up":
    layers["conv"] = L.Deconvolution2D(ch_in, ch_out, 4, 2, 1)
if bn:
    layers["bnorm"] = L.BatchNormalization(ch_out)
super().__init__(**layers)

def __call__(self, x):
h = self.conv(x)

if self.bn == True:
  h = self.bnorm(h)
if self.drop == True:
  h = F.dropout(h)
h = self.act (h)
return h
```

"这个在使用时好像可以切换卷积神经网络和反向卷积神经网络。切换通过参数 sample 实现，参数的默认值是 down，还可以变成 up。"

"up！ down！"

"这是因为缩小图像被称为下采样（down sampling），放大图像被称为上采样（up sampling）。"

"是的。可以选择 down 或者 up 来切换卷积神经网络和反向卷积神经网络。"

"还可以选择要不要使用批量标准化。"

"下面的这个写法有点儿不可思议。__init__ 里面写的是在召唤天使时，我们需要天使做的工作，也就是准备卷积神经网络和批量标准化。__call__ 里面写的是在召唤出天使后，给每一项工作命名，然后再分别交给天使。"

__init__ 里面是类共同的准备工作。

__call__ 里面是分别交给天使的工作。

 "也就是说，在用卷积神经网络完成组合后，进行批量标准化，接着是非线性变换。噢噢，和之前一样嘛。"

 "只要召唤这个 CBR 就可以完成所有这些操作。"

 "方便！方便！"

 "你们的想法真大胆啊……"

 "我们那时没有想到。"

"无论什么挑战，尽管来吧！"

"等一下。这么说的话，难道你们没有完全掌握魔镜的使用方法吗？"

"在魔镜的微调方面，我们做得不如你们好。"

"呀，你们干得很漂亮呀。"

"当年，占星术流行起来以后，人们就对魔镜失去了兴趣。"

"看来我们的研究还是有价值的，从发现知识变成了拓展知识。现在，大家稍微休息一下吧。我去准备茶点。"

"我来帮忙。"

"茶会！茶会！"

"啊，今天的报纸还没拿。能帮我看看信箱吗？"

"噢！……噢噢！公主！公主！大新闻！国王终于要迎娶王后啦！"

"咦！真的吗？是谁？是谁？王后是谁？！"

"冷静，冷静，公主……"

"什么！！这不是公爵的女儿吗！！"

"咦，太好啦！！！是我仰慕的那位公主！现在街上肯定很热闹！"

王后的学习笔记
卷积神经网络

更改 princess.py

修改自定义魔法使其适用于概率梯度下降法

In[1]:
```python
from tqdm import tqdm
def learning_regression(model,optNN,data,result,T=10):
    for time in tqdm(range(T)):
        config.train = True
        optNN.target.cleargrads()
        ytrain = model(data[0])
        loss_train = F.mean_squared_error(ytrain,data[2])
        loss_train.backward()
        optNN.update()

        config.train = False
        ytest = model(data[1])
        loss_test = F.mean_squared_error(ytest,data[3])
        result[0].append(cuda.to_cpu(loss_train.data))
        result[1].append(cuda.to_cpu(loss_test.data))

def learning_classification(model,optNN,data,result,
T=10):
    for time in tqdm(range(T)):
        config.train = True
        optNN.target.cleargrads()
        ytrain = model(data[0])
```

```
        loss_train = F.softmax_cross_entropy(ytrain,data[2])
        acc_train = F.accuracy(ytrain,data[2])
        loss_train.backward()
        optNN.update()

    config.train = False
    ytest = model(data[1])
    loss_test = F.softmax_cross_entropy(ytest,data[3])
    acc_test = F.accuracy(ytest,data[3])
    result[0].append(cuda.to_cpu(loss_train.data))
    result[1].append(cuda.to_cpu(loss_test.data))
    result[2].append(cuda.to_cpu(acc_train.data))
    result[3].append(cuda.to_cpu(acc_test.data))
```

 "只有用空格键或者 Tab 键对齐的地方会重复。"

 "空格键和 Tab 键的使用方法是 Python 语的特征之一。"

追加自定义模块

In[2]:
```
def shift_labeled(labeled_data):
    data, label = labeled_data

    ch,Ny,Nx = data.shape
    z_h = Ny*(2.0*np.random.rand(1)-1.0)*0.3
    z_v = Nx*(2.0*np.random.rand(1)-1.0)*0.3
    data = np.roll(data,int(z_h),axis=1)
    data = np.roll(data,int(z_v),axis=2)


    return data, label
```

```
def flip_labeled(labeled_data):
    data, label = labeled_data
    z = np.random.randint(2)
    if z == 1:
        data = data[:,::-1,:]
    z = np.random.randint(2)
    if z == 1:
        data = data[:,:,::-1]

    z = np.random.randint(2)
    if z == 1:
        data = data.transpose(0,2,1)

    return data, label

def check_network(x, link):
    print("input:", x.shape)
    h = link(x)
    print("output:", h.shape)
```

 "利用 numpy 神的力量，可以用 ':' 表示全部，用 '::-1' 表示翻转。"

 "a:b:c 也很方便哟，从 a 到 b，间隔为 c。"

追加卷积神经网络的类

In[3]:
```
class CNN(Chain):
    def __init__(self, ch_in,ch_out,
                ksize=3,stride=2,pad=1,pooling=True)
        self.pooling = pooling
        layers = {}
        layers["conv1"] = L.Convolution2D(ch_in,ch_out,
                                ksize=4,stride=2,
                                pad=1)
        layers["bnorm1"] = L.BatchNormalization(ch_out)
        super().__init__(**layers)

    def __call__(self,x,ksize=3,stride=2,pad=1):
        h = self.conv1(x)
        h = F.relu(h)
        h = self.bnorm1(h)
        if self.pooling == True:
            h = F.max_pooling_2d(h,ksize=ksize,stride=stride,
                            pad=pad)
        return h
```

"我不太明白卷积核大小和步长呀。"

"可以这样想，卷积核大小差不多就行了，填充大约是卷积核大小的一半，步长就是图像缩小的比例。"

读取基础模块和自定义魔法集

In[4]:
```
import numpy as np
import matplotlib.pyplot as plt

import chainer.optimizers as Opt
import chainer.functions as F
import chainer.links as L

import chainer.datasets as ds
import chainer.dataset.convert as con
from chainer.iterators import SerialIterator as siter

from chainer import Variable,Chain,config,cuda
from IPython import display

import princess as ohm
```

"这次追加的是 iterators 和 display。"

"iterators 是一家提供数据分割的便利店。display 为我们显示结果。"

读取 CIFAR10 数据集

In[5]:
```
train,test = ds.get_cifar10()
xtrain,ttrain = con.concat_examples(train)
xtest,ttest = con.concat_examples(test)
```

"和 MNIST 一样，可以拜托小 ds。"

"训练数据和测试数据的提取方法也是一样的。"

確認数据大小

In[6]:
```
Dtrain,ch,Ny,Nx = xtrain.shape
print(Dtrain,ch,Ny,Nx)
```

 "和 MNIST 不同，彩色图像要设为 ch=3。"

 "要处理的数据越来越复杂了。"

构建神经网络

In[7]:
```
C = ttrain.max() + 1
H1 = 32
layers = {}
layers["cnn1"] = ohm.CNN(ch,H1)
layers["cnn2"] = ohm.CNN(H1,H1)
layers["cnn3"] = ohm.CNN(H1,C)

NN = Chain(**layers)

def model(x):

    h = NN.cnn2(h)

    h = NN.cnn1(x)
    h = NN.cnn2(h)
    h = NN.cnn3(h)
    y = F.mean(h,axis=(2,3))
    return y
```

"用 F.mean 代替全连接神经网络？"

"全局平均池化可以有效防止过度学习。"

设置 GPU

In [8]:
```
gpu_device = 0
cuda.get_device(gpu_device).use()
NN.to_gpu()
```

设置优化方法
```
optNN = Opt.MomentumSGD()
optNN.setup(NN)
```

准备保存学习记录的位置
```
train_loss = []
train_acc = []
test_loss = []
test_acc = []
result = [train_loss,test_loss,train_acc,test_acc]
```

"准备工作和往常一样。"

"这里不向 GPU 传送数据。"

张开结界

In [9]:
```
nepoch = 50
batch_size = 1000
train_iter = siter(train, batch_size)
while train_iter.epoch < nepoch:
    batch = train_iter.next()
```

```
batch = ds.TransformDataset(batch, ohm.flip_labeled)
batch = ds.TransformDataset(batch, ohm.shift_labeled)
xtrain,ttrain = con.concat_examples(batch)
data = cuda.to_gpu([xtrain,xtest,ttrain,ttest])
ohm.learning_process_classification(model,optNN,
                                    data,result,1)
```

 "用 siter(train,batchsize) 分割数据。"

 "用 train_iter.next() 发送下一个数据块。"

查看学习记录

In[10]:
```
ohm.plot_result2(result[0],result[1],"loss function",
                 "step","loss function",0.0,4.0)
ohm.plot_result2(result[2],result[3],"accuracy",
                 "step","accuracy")
```

 "要努力使误差函数在训练和测试的时候不要相差太大。"

 "如果训练数据的成绩太好，可能就是过度学习了。"

王后的发现

在 Chain(l1=L.Linear(N,C), ...) 的位置，像下面这样写的话会很辛苦。

```
layers = {}
layers[" 名称 "] = 想要构建的神经网络
```

其实写成 Chain（**layers）效果也一样。

"()" 是添加函数参数时使用的括号。

如果有很多参数，如函数名 (参数 1, 参数 2,...)，像下面这样写的话就会很辛苦。

```
args={}
args[" 参数名 "] = 想要取的名字
```

能不能写成函数名 (**args) 呢？

噢噢，成功啦！

第**7**章

生成对抗网络

白雪公主是个超级宅女

准备自己的数据集

努力揭开古代文明之谜的少女、三个小矮人，还有魔镜。

在古代文明的繁荣时期，曾出现过一种被称为"深度学习"的技术。少女和小矮人们相信，这个技术能够对各种数据进行自动识别和回归。虽然这个技术包含很多复杂的元素，但是少女和小矮人们把这些元素巧妙地组合了起来，发挥出了深度学习的真正价值。现在，最大的谜团就是古人为什么会人间蒸发？除此之外，关于古代文明的其他疑惑也堆积如山。

就在这时，忽然传来一个消息，国王即将迎娶一位本地公爵的千金。街市人声鼎沸。已经很久没有出门的白雪公主和一个小矮人来到街上，一边感受热闹欢腾的气氛，一边采购东西。

可是街上的情形怎么有点奇怪呢？

 "买这么多够了吗？"

 "够了！够了！"

 "咦，怎么回事？这么多人。"

 "哦呵呵，没错，即将成为王后的人就是我。"

 "咦，难道是公主殿下驾到？"

 "呀，恭喜！恭喜！这是我们自家种的蔬菜，请您收下。"

 "这是我捕获的野猪。"

 "哎呀，谢谢大家！"

 "……公主殿下竟然来这种地方？"

"奇怪！奇怪！"

"公主殿下是这样的女孩吗？怎么感觉有点不一样呢？"

"魔镜！魔镜！"

"啊，对了！如果这位公主殿下是假冒的话，魔镜一定能够识破！"

"我们回来啦。大家快听我说，不得了啦！"

"我们回来啦！我们回来啦！"

"噢，欢迎回家！怎么啦，公主？"

"可能出现了一位冒牌的公主殿下！"

"冒牌？"

"我们在街上看到她了，总觉得和我仰慕的公主殿下有点不一样。"

"公主不愧是公主殿下的粉丝呀。"

"别在那儿说绕口令啦。对了！我忽然想到这种时候可以利用魔镜的力量，所以就急忙赶回来了。"

"您是要识破冒牌公主吗？"

"只要有足够的图像数据，就可以通过学习来识破冒牌货。你们有什么可以看到真公主相貌的东西吗？"

"这份刊登了国王订婚消息的报纸可以吗？"

"很好。我的照片功能可以把报纸上的画像保存为图像数据。"

"啊，不过要是有更多不同的图像的话，我学习起来会更容易。"

"好嘞，我这就去把公主殿下的画像全部拿来。"

"您还有这……这种东西呀？"

"是个铁杆粉丝呀！"

"铁杆！铁杆！"

　　我小心地从收藏品中拿出很多公爵千金，也就是公主殿下的画像，准备让魔镜学习。
　　首先需要读取和管理图像数据，于是我研究了一下处理图像的魔法。
　　结果发现，处理图像的魔法由被称为 PIL 或 pillow 的众神掌管。
　　要使用这个魔法，需要提前在神的祭坛"终端"上举行仪式。

```
pip install pillow
```

　　然后用下面的魔法之语，读取保存在魔镜中的公主殿下的画像。

```
（魔法之语：读取自己准备的图像数据）
import PIL.Image as im
idata = im.open(" 文件名 ")
```

召唤出 Image 神，简称 im。

im.open(" 文件名 ") 读取保存的图像数据。在 jupyter notebook 中可以直接把图像数据放在魔法之语的位置。

据说在处理图像数据方面，这位 Image 神首屈一指。我们决定尝试一下改变图像大小的魔法。

（魔法之语：改变图像大小）

```
idata_resize = idata.resize((64,64), im.BICUBIC)
```

idata.resize() 里面依次是图像改变后的高度和宽度，我们把它指定为高 64、宽 64，也就是 (64,64)。im.BICUBIC 指定改变图像大小的方法，这个魔法好像还有其他各种流派。

另外还可以旋转图像。

（魔法之语：旋转图像）

```
idata_rotate = idata.rotate(45)
```

例如，上面的魔法可以使图像向左旋转 45°。旋转产生的空白处基本会填充为黑色。

左右翻转和上下翻转也是驾轻就熟。

（魔法之语：左右翻转和上下翻转图像）

```
idata_lr = idata.transpose(im.FLIP_LEFT_RIGHT)
idata_tb = idata.transpose(im.FLIP_TOP_BOTTOM)
```

图像包含三原色的数据，还可以分别提取这三种数据。

（魔法之语：提取三原色数据）

```
idata_r, idata_g, idata_b = idata.split()
```

显示图像也可以通过 Image 神的力量实现。利用 Image 神的力量，只要写下 idata 就可以显示图像，并且可以保存更改后的图像。

（魔法之语：保存图像）
```
idata.save(" 喜欢的文件名 ")
```

　　接下来拜托 numpy 神，使用 asarray 魔法，就能把上面任意提取出的图像数据转换为容易处理的数值数据。

（魔法之语：把图像数据转换为数值数据）
```
image_data = np.asarray(idata)
```

 "好厉害！不仅能使用从知识之泉中召唤出来的图像，还可以用我们自己保存的图像。使用下面的语句就能知道数据的形状吧。结果是高度、宽度还有数值 3。3 是通道数吗？关于颜色的三种信息？"

```
print(image_data.shape)
```

 "咦，在学习卷积时，顺序好像是通道数、高度、宽度？"

 "确实。Image 神读出的图像数据的顺序是高度、宽度、通道数。chainer 神处理图像数据的顺序是通道数、高度、宽度。"

 "用 transpose 改变一下顺序就好了。"

 "不知不觉间，大家都会用 Python 语了……"

　　众神在图像数据的记录方式上分了派系。不知道他们的关系好还是不好，暂且不管了。

（魔法之语：把图像数据转换为 chainer 类型数据）
```
chainer_data = image_data.transpose(2,0,1)
```
（魔法之语：把 chainer 类型数据转换为图像数据）
```
image_data = chainer_data.transpose(1,2,0)
```

　　只要像这样制定了转换规则，就不会混了。先做好笔记。

"这样一来，我们就可以把风景、人物什么的全部记录下来，然后把它们一个一个地送进神经网络让魔镜学习，魔镜就会了解现代社会的情况了！"

 "真的吗？那样的话，魔镜可要再修行一番了。"

 "既然已经把公主殿下的画像放入魔镜了，那接下来就先把图像整理到文件夹里吧。文件夹的名字就取为 princess_fig 吧。"

 "文件夹？"

如果图像数据很多，可以用文件夹把它们放在一起。像下面这样把数据放入魔镜的文件夹中。每一个被保存的数据称为文件。

然后借助 os 神的力量。os 神负责文件夹内的文件保存工作。

使用这个魔法时也要在神的祭坛"终端"上举行仪式。

`pip install os`

在记录魔法之语的文件夹中制作文件夹 princess_fig，在里面保存好图像数据。

（魔法之语：获取文件夹内的文件列表）
```
import os
folder = "princess_fig"
image_files = os.listdir(folder)
```

首先在 folder 的位置给汇总图像数据的文件夹取名。这里，名字要放在" "里面，这是向神传达文件名或文件夹名时的规定。

然后在擅长文件操作的 os 神的协助下，通过 os.listdir(folder) 获取汇总文件的一览表（列表）。

显示列表时使用 print(image_files)。

像上面这样，准备好汇总了多个图像数据的数据集，接下来把它用于神经网络的优化。

现在要召唤的是 chainer 众神之一的 datasets，也就是小 ds。ds.ImageDataset 用于汇总 image_files 列表中的图像数据并把它们制成数据集。

root="princess_fig/" 提示小 ds 这里有 image_files 列表中的文件。

我们查看了一下获取的 dataset，发现里面的数据已经自动变成了 chainer 类型。因为在输入魔法之语 print(dataset[0].shape) 后，最前面显示的是通道数 3。

我们还发现了一个有趣的现象，dataset[0] 的数值类型在 numpy 神的影响下变成了 np.float32。

查看方法很简单，使用下面的魔法之语就行了。

"我记得献给 chainer 神的数据就是 np.float32 类型。"

"好像会自动转换。好方便呀！"

"可是公主，np.float32 应该是 0 ~ 1 的数值，但是输入 print(dataset[0]) 查看数据的内容后，为什么会发现很大的数值呢？你看，像这个 255。"

"可是，之前随时间变化的数据的数值不是更大吗？"

"啊，可能是因为原始的图像数据是 np.int8。"

"int8！ int8！"

"int 好像是整数值？"

"在读取 int8 的图像数据时，意味着使用 0 ~ 255 的 256 个整数值。也就是 2 的 8 次方，把 2 相乘 8 次就是 256。"

"那 np.float32 就意味着可以使用的最大数字是 2 的 32 次方吗？"

"float 叫作浮点数，是一种通过移动小数点来处理大数值和小数值的方法。32 表示处理数值的规模，这点公主说得没错，不过决定数值并不是简单地做 32 次乘法就行了，还要考虑位数和正负号。"

"呃。数据的数值不只是大小的区别吗？"

"不用想得那么复杂，只不过在使用 plt.imshow() 显示图像时，这的确是一个需要注意的问题。float32 要求 0 ~ 1 的数值，而 int8 要求 0 ~ 255 的整数值。"

"那真是太不一样了。"

"图像数据基本上都是用整数值保存的，一般是 np.int8，也叫作 256 灰度。"

"也就是说，pillow 神使用 np.int8 的数据，可是 chainer 神在处理图像数据时仍然把数据变成了 np.float32 的类型，所以就需要翻译一下。"

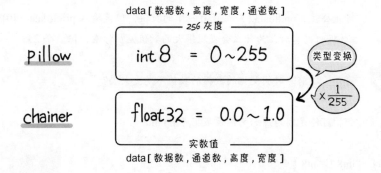

怎么有点像不同的地方有不同方言的意思呢……

是啊，但是方言在当地交流起来也很方便哟！

"好像有这么一句话，即使在神的世界里，也会存在语言不通的现象！"

"语言不通！语言不通！"

"语言不通是个非常困难的问题呀。"

"难道古人舍弃古代文明，离开这个地方，是因为 Python 语不再通用了吗？"

"这就不知道了，不过至少我们不会 Python 语。我想我们的爷爷也不会。"

"在读取图像数据时，要注意还有 np.int16，使用的是 0 ～ 65535 的整数值，也就是 65536 灰度的图像数据。"

"在处理图像数据时最好先检查一下。"

我们从做好的图像数据中取出一张图像，显示 dataset[0]。

```
（魔法之语：标准化后显示 chainer 数据）
import matplotlib.pyplot as plt
plt.imshow(dataset[0].transpose(1,2,0)/255)
plt.show()
```

在这里，把已经变成 chainer 类型的数据通过 transpose 转换为图像数据。由于要用 plt. imshow 显示最大值为 255 的 np.float32 类型的图像数据，所以把数据除以最大值 255。结果，我们顺利看到了公主殿下美丽的面容。

"啊！果然无论什么时候都这么漂亮。好喜欢呀。"

 "公主也长得很可爱呀。"

 "可爱！可爱！"

 "我要成为一个酷酷的女孩，不要可爱。"

 "公主的心思真难懂啊。"

另外，还可以在制作完 chainer 类型的数据集之后，对全部数据进行统一更改，如放大或缩小图像、旋转图像等。这时候就需要 pillow 众神，尤其是 Image 神的帮助，所以接下来，我们准备了借助众神力量的魔法。

```
（魔法之语：统一更改数据集中的图像大小）
def transform64(data):
  data = data.astype(np.uint8)
  data = im.fromarray(data.transpose(1, 2, 0))
  data = data.resize((64,64), im.BICUBIC)
  data = np.asarray(data).transpose(2, 0, 1)
  data = data.astype(np.float32)/255
  return data
```

这里，data 指从数据集中取出的一个数据，如 dataset[0]。在这个自定义魔法中，我们准备好了如何改变这个数据。

首先，我们把 chainer 类型的数据转换为图像数据 np.int8。这里借助 numpy 神的力量使用魔法 data.astype(np.int8)。

然后用魔法 fromarray 把数据从 numpy 神转发给 Image 神，之后就处于 Image 神的控制下了。使用 resize 来更改图像的大小非常简单，而且还可以旋转、灰度化或剪切等。

完成这些更改之后，用魔法 asarray 重新把数据从 Image 神转发给 numpy 神。这次要使用 transpose 把图像数据转换为 chainer 类型的数据。

在把图像数据转换为 chainer 类型的数据 np.float32 之后，把数据除以 int8 的最大值 255，方便 plt.imshow 显示图像。

（魔法之语：统一更改数据集中的图像大小）

```
import chainer.datasets as ds
dataset = ds.TransformDataset(dataset,transform64)
```

通过刚才的魔法，数据被统一加工。把 dataset 交给 chainer 众神中的小 ds，加工和利用都很容易。

（魔法之语：从自定义数据集中读取数据）

```
import chainer.dataset.convert as con
D = len(dataset)
Dtrain = D//2
train, test = ds.split_dataset_random(dataset, Dtrain)
xtrain = con.concat_examples(train)
xtest = con.concat_examples(test)
```

首先通过 len(dataset) 取得数据的总数。将总数的一半作为训练数据的数量放入 Dtrain。

使用 datasets 神的魔法 split_dataset_random(dataset, Dtrain) 把数据分为 train 和 test。也就是说，把 dataset 分为 Dtrain 个训练数据和 D–Dtrain 个测试数据。random 负责随机改变数据的顺序。

如果不需要改变顺序，就使用魔法 ds.split_dataset(dataset, Dtrain)。

到了这一步，就可以像之前一样显示其中一张图像，确认数据集是否制作成功。

（魔法之语：显示数据集大小和其中一张图像）

```
Dtrain,ch,Ny,Nx = xtrain.shape
print(Dtrain,ch,Ny,Nx)
plt.imshow(xtrain[0,:,:,:].transpose(1,2,0))
plt.show()
```

镜子里果然出现了公主殿下的面容。

 "好嘞，现在轮到公主了！我要拍公主的照片！"

 "啊啊————！为什么要拍我？！冒牌公主的问题怎么办？！"

 "机会难得，我们就来试试古代文明的技术吧。"

 "请公主站到我面前。"

 "好，好吧……"

 "公主，太拘束啦。笑一笑，笑一笑！"

 "啊，我在连拍，请做出各种表情！"

 "这样吗？嗯……嘻！"

 "笑嘻嘻！笑嘻嘻！"

 "这么容易就记录下来了，好厉害的技术啊。"

"有了公主殿下和公主的画像，魔镜就可以学习识别它们了。"

"识别！识别！"

"对呀，没想到还挺像的。识别起来很难吧？"

"啊，真的吗？！我和公主殿下长得很像吗？！"

就这样，我的面部画像也被记录下来，事情发展成了让魔镜识别公主殿下和我。哎，我真想早点弄清楚在街上看到的究竟是不是冒牌公主。我的面部图像在汇总后被放进了一个名为 white_fig 的文件夹中。

如果把公主殿下和我的画像分别放在两个文件夹中，应该能制作出带标签的数据集，如用数值作为标签，公主殿下是 0，我是 1。

至于实际操作，先按照刚才的步骤，读取公主殿下图像数据文件夹中的文件列表。注意，在这里只放入图像文件。

（魔法之语：获取指定文件夹中的文件名）

```
import os
folder ="princess_fig"
image_files = os.listdir(folder)
```

把它暂时放进另外一个列表中。

（魔法之语：带标签的图像列表）

```
labeled_list = []
for k in range(len(image_files)):
  labeled_file = (folder+"/"+image_files[k],0)
  labeled_list.append(labeled_file)
```

开始的时候，准备一个名为 labeled_list 的空列表。接着用 for 语句制作重复指令。len(image_files) 表示重复相当于图像文件数量的次数。

指令的具体内容是，把获取的文件名追加到 folder 中的文件夹名上，制作一个由文件名组成的统一列表。中间的 " / " 用来隔开文件夹名和文件名。最后的 0 表示这是属于第 1 组的图像。现在，我们已经指定了公主殿下的画像的组别为第 1 组。

然后在 labeled_list 上 append，使用追加魔法就完成了。

接下来，从汇总了我的画像的文件夹中获取文件名列表，然后追加。

（魔法之语：从不同文件夹中追加）

```
folder ="white_fig"
image_files = os.listdir(folder)
for k in range(len(image_files)):
  labeled_file = (folder+"/"+image_files[k],1)
  all_list.append(labeled_file)
```

其中，在 labeled_file 中用 1 代替最后的 0，也就是指定为第 2 组。这样就得到了一个把标签为 0 的公主殿下的画像列表和标签为 1 的我的画像列表结合起来的列表。如果还想追加其他列表，只需要改变保存图像的文件夹名后执行重复指令，把标签增大为 2、3、4、…就行了。

这可是好不容易写出来的魔法之语，我们还是把它变成自定义魔法保留下来吧。

追加到 princess.py

（魔法之语：读取带标签图像数据的自定义魔法）

```
import os
def add_labeled_data(folder,i,all_list):
  image_files = os.listdir(folder)
  for k in range(len(image_files)):
    labeled_file = (folder+"/"+image_files[k],i)
    all_list.append(labeled_file)
  return all_list
```

magic!

接下来用这个自定义魔法试试魔镜能不能识别公主殿下和我。

首先按下面的方式读取模块。

Chapter7-princess_princess.ipynb

（魔法之语：读取基础模块和自定义魔法集）

```python
import numpy as np
import matplotlib.pyplot as plt

import chainer.optimizers as Opt
import chainer.functions as F
import chainer.links as L
import chainer.datasets as ds
import chainer.dataset.convert as con
from chainer.iterators import SerialIterator as siter
from chainer import Variable,Chain,config,cuda

import princess as ohm
```

然后准备公主殿下和我的数据集。

Chapter7-princess_princess.ipynb

（魔法之语：使用自定义魔法准备带标签的数据集）

```python
all_list = []
ohm.add_labeled_data("princess_fig",0,all_list)
ohm.add_labeled_data("white_fig",1,all_list)
```

这样总结成的文件列表带有标签，所以制作数据集时使用的魔法也稍有不同。

Chapter7-princess_princess.ipynb

（魔法之语：转换为 chainer 类型的数据集）

```python
dataset = ds.LabeledImageDataset(all_list)
```

和刚才一样，也可以准备对数据集的图像进行统一放大或缩小等更改的魔法。只不过在这种情况下，除了图像数据还有标签，所以需要稍微注意一下。

追加到 princess.py

（魔法之语：对带标签的数据进行统一数据转换）

```
import PIL.Image as im
def labeled64(labeled_data):
    data, label = labeled_data
    data = data.astype(np.uint8)
    data = im.fromarray(data.transpose(1, 2, 0))
    data = data.resize((64,64), im.BICUBIC)
    data = np.asarray(data).transpose(2, 0, 1)
    data = data.astype(np.float32)/255
    return data, label
```

把同时存在图像和标签的 labeled_data 分成 data 和 label，只加工 data。data 的加工方法和之前记录的一样。这个转换方法可以一次性处理整个数据集，chainer 众神果然伟大。

Chapter7-princess_princess.ipynb

（魔法之语：加工带标签的数据集）

```
dataset = ds.TransformDataset(dataset, labeled64)
```

 "先拿一张图像出来看看。"

 "这个，好像和以前有点不一样。"

（魔法之语：加工带标签的数据集）

```
plt.imshow(dataset[0][0].transpose(1,2,0))
plt.show()
```

"不是 dataset[0]？"

 "因为有标签。dataset[0][0] 中记录的是图像数据部分，dataset[0][1] 中记录的是标签。如果把前面的 0 换成其他数值，还可以取出其他数据哦。"

 "那么如果改成 dataset[15][0] 的话，公主也会出现在镜子里吧？"

 "好酷！好酷！"

 "呀……谢谢，谢谢！"

使用这个带标签的图像数据集，通过神经网络对图像进行分类。

首先在数据集中分割训练数据和测试数据。

这个操作和之前的魔法完全一样。

```
Chapter7-princess_princess.ipynb
（魔法之语：分割自定义数据集）
D = len(dataset)
Dtrain = D//2
train, test = ds.split_dataset_random(dataset, Dtrain)
xtrain,ttrain = con.concat_examples(train)
xtest,ttest = con.concat_examples(test)
```

"这样就行了吗？果然没有实感就会让人不安呀。"

 "如果想确认训练数据和测试数据的分割情况，使用之前的魔法之语就行了。"

Chapter7-princess_princess.ipynb

（魔法之语：确认分割后的其中一个训练数据）

```
Dtrain,ch,Ny,Nx = xtrain.shape
print(Dtrain,ch,Ny,Nx)
plt.imshow(xtrain[0,:,:,:].transpose(1,2,0))
plt.show()
```

 "公主殿下！公主殿下！"

 "到了这一步，就可以像之前一样设置神经网络，专心优化了。"

由于是比较简单的图像数据，所以分类并不需要使用卷积神经网络。不过，这并不意味着公主殿下的面容轮廓很单调哦。

Chapter7-princess_princess.ipynb

（魔法之语：构建神经网络）

```
C = 2
H = 10

layers = {}
layers["l1"] = L.Linear(None,H),
layers["l2"] = L.Linear(H,C),
layers["bnorm1"] = L.BatchNormalization(H)
NN = Chain(**layers)
```

```
def model(x):
  h = NN.l1(x)
  h = F.relu(h)
  h = NN.bnorm1(h)
  y = NN.l2(h)
return y
```

设置好上面的神经网络后，像之前一样选择优化方法。我们选择了 GPU 进行优化。

（魔法之语：设置 GPU）
```
gpu_device = 0
cuda.get_device(gpu_device).use()
NN.to_gpu(gpu_device)
```
（魔法之语：设置优化方法）
```
optNN = Opt.MomentumSGD()
optNN.setup(NN)
```

 "呀，神经网络的优化就交给我们来做吧！祖先大人！"

 "交给我们吧！交给我们吧！"

 "呀呀，你们要识别的是谁呢？"

 "这位公主，还有公爵的女儿。"

 "你说的是公爵千金？难道就是野猪年出生的那个孩子吗！"

 "野猪！野猪！"

"野猪年？"

 "你们不知道吗？在这一带，野猪会周期性地大量出没。"

 "它们是我们小矮人的天敌。一看到那些像郁金香一样的脚印，我的后背就直发凉。还有被它们到处追捕的情形，别提多恐怖了……"

 "谜团终于解开了……看见郁金香赶快逃，原来就是指这个呀。好像不是什么重要的谚语嘛……"

 "你说什么！？ 可不能小瞧野猪！！"

 "实在是太可怕了，所以我们的同伴都离开了这片土地。"

 "就是因为这样，古代文明的技术才没有传承下来吧。"

 "可是我们无法舍弃这个技术，所以决定在魔镜里隐居。"

 "再后来，没想到连魔镜都被掩埋了……"

"想出去也出不去了。"

"咦？那你们怎么会认识公主殿下呢？"

"这个魔镜连接着知识之泉，想知道外面的事情并不困难。"

"反正也很闲，我们就教魔镜说话。结果真是煞费苦心。"

"这个魔镜傲慢的口吻和我们年轻的时候一模一样。不过现在，我们已经完全没有棱角了。"

"（……可是，小矮人的寿命……）"

"对了对了，就在那个女孩儿出生的野猪年，株价暴涨又暴跌。"

"啊，株价的急剧变化就发生在野猪年呀。那可是连神经网络都无法预测的急剧变化呢。"

"在我们年轻的时候生意很兴隆的那家兄弟店铺好像也关门了。"

"啊！社会教科书上的知识！"

　　选择优化方法之后，学习记录、数据设置也和之前完全相同。现在，我们手里已经有了一系列系统。

```
（魔法之语：准备保存学习记录的位置）
train_loss = []
train_acc = []
test_loss = []
test_acc = []
result = [train_loss,test_loss,train_acc,test_acc]
```

magic!

如此罕见的古代文明也无法克服物理上的障碍，小矮人们在饱受定期出没的野猪带来的痛苦之后，选择了逃走。也许，生活在其他地方的小矮人继承并发扬了古代文明也未可知呢？

```
Chapter7_princess_princess.ipynb
（魔法之语：张开回归结界）
nepoch = 5
batch_size = 10
train_iter = siter(train,batch_size)
while train_iter.epoch < nepoch:
  batch = train_iter.next()
  xtrain,ttrain = con.concat_examples(batch)
  data = cuda.to_gpu([xtrain,xtest,ttrain,ttest])
  ohm.learning_classification(model,optNN,data,result,1)
```

如果要查看学习过程和识别结果，就使用下面的魔法之语。

```
（魔法之语：显示学习记录）
Chapter7_princess_princess.ipynb
ohm.plot_result2(result[0],result[1],"loss function","step",
                 "loss function",0.0,4.0)
ohm.plot_result2(result[2],result[3],"accuracy test","step",
                 "accuracy")
```

魔镜轻而易举地就完成了对公主殿下和我的识别。好几个 epoch 的正确率几乎都是 100%。也就是说，我和公主殿下并不太像，所以才这么容易吧。怎么有点难过呢？

7-2 制假的生成网络

 "等一下，等一下！现在不是玩儿的时候！"

 "不是玩哦。虽然笑嘻嘻，但是我们一直都很认真做事的！"

 "那就好。我只是想赶快查清楚在街上看到的公主殿下到底是不是假的！"

 "啊，对呀！"

 "真公主的画像已经准备得足够多了吧。"

 "只要学习了这些真公主的画像，就能辨别出街上那个是不是假的了吧？！"

 "真公主的画像倒是可以学习……"

 "真公主！真公主！"

 "那冒牌公主的学习怎么办呢？"

 "啊，对呀。又不可能去拍照……我来模仿公主殿下怎么样？"

 "这样的话，恐怕和在街上看到的那位公主殿下不一样吧。"

 "啊，这个办法好。因为这次要识别的不一定必须是在街上看到的那位公主和真正的公主，只要能够区分出是真公主还是假公主就行了，所以只要有很多和真公主不同，但是又非常相似的图像就可以了。"

"是吗？那么除了公主之外，如果我们都模仿公主殿下，就可以制作出很多假公主的图像了。"

"可是我们也太不像公主殿下啊。连白雪公主都不像，轻易地就被识别出不是真公主了。"

"请不要在我的伤口上撒盐了！难道就没有办法制作出和公主殿下非常相似但又不一样的图像吗？"

"除了拍照片，难道就不能人工制作图像吗？"

"如果能够制作的话，我们就制作很多很多张只有细微差别的图像，这样一来，无论出现什么样的冒牌货都能识破。"

"可是，要准备那么多张只有细微差别的图像并不容易。虽然你们擅长画画，可是要画那么多，得多辛苦呀。"

"把某个原型图像稍微变形以后制成不同的图像怎么样？"

"用手画太累了，用神经网络比较好吧。神经网络技术不是擅长把输入的东西变形成我们想要的形状吗？"

"这样的话，原型就可以是任何东西，不是图像也没关系，索性就用随机数吧？"

"用随机数制作图像？！那岂不是可以制作出无数张图像！接下来呢，变形成什么样的图像比较好呢？"

"只要是难以辨别的相似图像就行，我们要做的就是制作一个能把随机数变成公主殿下的面容的神经网络。虽然制作出来的图像和公主殿下一模一样，但是由于是用随机数制作的，所以并不是真正的公主殿下。"

 "真是个好主意呀！"

如果用随机数能够制作图像的话，那么公主殿下的新画像岂不是也能……

只要有数据作为参考，就能制作出来。

第 98 个调查日

我们准备利用神经网络，以随机数为原型制作假公主的画像。虽然可能很难，但我们还是决定挑战一下。首先，从读取模块和准备数据集开始。

从 chainer 众神中召唤出 optimizer_hooks 神，添加到之前的模块中。我们将其简称为 oph 先生。

```
Chapter7-GAN.ipynb
（魔法之语：读取基础模块和自定义魔法集）
import numpy as np
import matplotlib.pyplot as plt


import chainer.optimizers as Opt
import chainer.functions as F
import chainer.links as L
import chainer.datasets as ds
import chainer.dataset.convert as con
from chainer.iterators import SerialIterator as siter
from chainer import optimizer_hooks as oph
from chainer import Variable,Chain,config,cuda


from tqdm import tqdm
from IPython import display
import princess as ohm
（魔法之语：准备公主殿下的数据集）
all_list = []
ohm.add_labeled_data("princess_fig",0,all_list)
```

（魔法之语：读取数据集）
```
dataset = ds.LabeledImageDataset(all_list)
```

现在开始准备把图像缩小后的训练数据。使用 transform_labeled64 把图像大小更改为 64×64。另外，如果魔镜的能力足够强大，而工匠调整镜子的技艺又足够高超的话，还可以学习更大的图像。

（魔法之语：从数据集中提取用于训练的图像数据）
```
train = ds.TransformDataset(dataset, ohm.labeled64)
xtrain,_ = con.concat_examples(train)
```

上次我们使用 xtrain,ttrain 分别取出了图像数据和标签数据，不过这次不需要标签数据，所以是 xtrain,_。"_"表示不读取直接舍弃。

如果和之前一样想确认读取过程是否顺利，可以使用下面的魔法之语。

（魔法之语：确认数据）
```
Dtrain,ch,Ny,Nx = xtrain.shape
print(Dtrain,ch,Ny,Nx)
```

准备工作到这里就完成了。

"好嘞，这次要做两个神经网络，要花点工夫哟！"

"两个！两个！"

"为什么要做两个呢？做一个用随机数制作公主殿下图像的神经网络不就行了吗？"

"如果只是制作图像，又如何判断制作出的图像像不像公主殿下呢？"

"我们看一眼不就知道了吗？"

"如果制作出来的图像和真正的公主殿下非常相似，我们的眼睛是没办法辨别的。"

"确实，神经网络很容易就识别出了公主殿下和白雪公主，可是我们都觉得十分相似，所以不能指望我们的眼睛。"

"真是一次又一次地撒盐呀……不过就是这么回事。所以我认为需要准备两个神经网络，一个用来制作和公主殿下相似的图像，另一个用来识别真假公主的图像，然后让这两个神经网络同时学习就行了。"

"有点对决的意味呢……"

"有对手才能进步？是这个意思吧。"

首先，我们准备利用适当的随机数制作假公主图像的神经网络。其中，制作图像的部分被称为生成网络。通过 zsize，根据指定数量的随机数制作图像的全连接神经网络，把图像放大到原来的大小。然后利用反向卷积神经网络完成制作假公主图像的设置。这时，我忽然想到，之前我们曾继承 Chain 类的能力制作过多个神经网络的组合。那么现在要制作的神经网络是不是也可以使用同样的方法呢？

```
Chapter7-GAN.ipynb
（魔法之语：设置生成网络）
class Generator(Chain):
  def __init__(self,zsize, Nx = Nx, Ny = Ny,
            H1=256*ch, H2=64*ch, H3=16*ch, H4=4*ch):
    layers = {}
    layers["l1"] = L.Linear(zsize, Ny//16 * Nx//16 * H1)
```

```
    layers["bnorm1"] = L.BatchNormalization(H1)
    layers["dcnn1"] = ohm.CBR(H1, H2,"up")
    layers["dcnn2"] = ohm.CBR(H2, H3,"up")
    layers["dcnn3"] = ohm.CBR(H3, H4,"up")
    layers["dcnn4"] = ohm.CBR(H4, ch,"up")
    super().__init__(**layers)
def __call__(self,x):
    h = self.l1(x)
    h = F.dropout(h)
    h = F.relu(h)
    h = h.reshape(len(h),256*ch,4,4)
    h = self.bnorm1(h)
    h = self.dcnn1(h)
    h = self.dcnn2(h)
    h = self.dcnn3(h)
    h = self.dcnn4(h)
    y = F.clip(h,0.0,1.0)
    return y
```

先制作一个名为 Generator 的类，也就是创造生成网络的天使。zsize 是随机数的数量。把通道数、神经网络的大小等提前设置为默认参数。

整个结构依次是一层全连接网络、一次批量标准化、4 层反向卷积神经网络。这些内容都写在 def __init__ 里，下面的 def __call__ 里写的是实际的使用方法。

第一步，从输入的随机数 z 开始，经过一层全连接网络，然后是批量标准化，接着是非线性变换 F.relu。最后，把结果用 h.reshape(len(h),256*ch,4,4) 处理之后发送给卷积神经网络。

为了把图像变成适当大小的 64×64，按照 2 倍、4 倍、8 倍、16 倍的顺序通过 4 次反向卷积神经网络，先把图像变成 4×4 的大小。这个生成网络就是一个欺骗者，它的任务是利用随机数制作出能够以假乱真的假公主的图像。这里除了使用反向卷积神经网络之外，还可以使用像素重组和卷积神经网络的组合，组合之后可能学习得更快。最后，我们使用了一个奇怪的非线性变换 F.clip(h,0.0,1.0)，

它可以把结果数值限制在 0.0 ~ 1.0 之间，从而制作出图像数据。我也想过使用
sigmoid 函数，可是小矮人坚决反对：“优化超级困难！”

接下来准备识别网络。识别网络负责识破生成网络制作的假公主图像。也就
是说，生成网络的学习目的是更巧妙地欺骗识别网络，而识别网络的学习目的就
是不被生成网络欺骗。

```
Chapter7-GAN.ipynb
（魔法之语：设置识别网络）
class Discriminator(Chain):
  def __init__(self, C, ch = ch,
               H1=64,H2=128,H3=256,H4=512):
    layers = {}
    layers["cnn1"] = ohm.CBR(ch,H1,"down",
                             bn=False,act=F.leaky_relu)
    layers["cnn2"] = ohm.CBR(H1,H2,"down",
                             bn=False,act=F.leaky_relu)
    layers["cnn3"] = ohm.CBR(H2,H3,"down",
                             bn=False,act=F.leaky_relu)
    layers["cnn4"] = ohm.CBR(H3,H4,"down",
                             bn=False,act=F.leaky_relu)
    layers["l1"] = L.Linear(None,C)
    super().__init__(**layers)
  def __call__(self,x):
    h = self.cnn1(x)
    h = self.cnn2(h)
    h = self.cnn3(h)
    h = self.cnn4(h)
    h = self.l1(h)
    y = F.dropout(h)
    return y
```

和生成网络一样，我们通过继承类的能力，孕育出创造识别网络的天使。默认参数的通道数保持不变。另外，把最后输出的数值的数量设为 C，意思是输出 C 个判断真假的数值，也可以输出多个。

中间经过了 4 个卷积神经网络，在这个过程中，要把以前的批量标准化改成 bn=False。这是因为，虽然使用批量标准化可以更准确地进行识别，但是如果识别网络从一开始就非常精准、完美地识别出了真假的话，制假的生成网络就会丧失斗志，不再努力提高自身骗术。另外，还要用 F.leaky_relu 代替 F.relu，这是因为深度网络会越来越难以捕捉特征。最后，全连接总结结果。如果是更深的网络，也可以使用 F.mean(h,(2.3))。

为了让生成网络更容易找出改善骗术的方法，识别网络不能设置得太过严格，这样结果才会比较好。这是因为生成网络依赖于识别网络，正所谓与自己势均力敌的对手才是一个好对手。最后，通过下面的魔法之语，就能使用这些神经网络了。

```
Chapter7-GAN.ipynb
（魔法之语：构建两个网络）
zsize = 2
C = 1
gen = Generator(zsize)
dis = Discriminator(C)
```

 "咦？就这么一点吗？"

 "厉害！厉害！"

 "这么简单的操作就能制作两个神经网络吗？"

 "是啊。虽然刚才从 class 开始写了很长一段魔法之语，但是只要写过一次，把它们保存下来，以后就可以随时召唤出来了，很方便吧？"

现在已经有了两个神经网络，接下来要为它们分别准备优化方法。首先是生成网络，接着是识别网络。

```
Chapter7-GAN.ipynb
（魔法之语：确定学习方法）
optgen = Opt.Adam(alpha=0.0005,beta1=0.5)
optgen.setup(gen)
#optgen.add_hook(oph.GradientClipping(0.1))

optdis = Opt.Adam(alpha=0.0001,beta1=0.5)
optdis.setup(dis)
#optdis.add_hook(oph.GradientClipping(0.1))

cuda.get_device(0).use()
gen.to_gpu()
dis.to_gpu()
```

这次，两个网络都选择了名为 Adam 的学习方法，但是，两个网络中决定学习速度的参数并不相同，我们降低了识别网络的学习速度。

Adam 里面有三个参数，分别是学习率 alpha、beta1 和 beta2，alpha 调节学习速度，beta1 和 beta2 决定动量强度。如果是 MomentumSGD 和 SGD，就通过参数 lr 来设置学习速度。增大 alpha 或 lr，就会指示增大学习速度。我们在识别网络中增大了这些值，结果很失败，图像一片漆黑。

当遇到挫折时，可以借助 oph 先生的力量，使用魔法 add_hook。在导入 optgen.add_hook(oph.GradientClipping(0.1)) 或 optdis.add_ hook(oph.GradientClipping(0.1)) 后，选择"梯度裁剪"抑制动量就行了。其中，去掉"#"表示执行，加上"#"表示不执行。

在优化神经网络时，梯度可以帮助我们研究应该朝哪个方向进行改善。"梯度裁剪"的作用就是防止梯度突然变大，可以通过设定最大值使梯度保持在一定范围内。

另外，观察中间过程也非常重要，如生成网络如何巧妙地制作假公主的图像，识别网络又是如何努力不被欺骗。通过设置，我们把这两个结果记录在 result 里面。

```
Chapter7-GAN.ipynb
```
（魔法之语：准备保存学习记录的位置）
```
train_gen_loss = []
train_dis_loss1 = []
train_dis_loss2 = []
result = [train_gen_loss,train_dis_loss1, train_dis_loss2]
```

train_gen_loss 记录生成网络成功完成了欺骗的程度，这个值越小，意味着生成网络的欺骗能力越强；train_dis_loss1 记录识别网络没有被欺骗的程度，train_dis_loss2 记录识别网络正确识别真公主图像的程度。这两个值越小，意味着识别网络的识别能力越强。

最后，我们要准备一个擂台，张开结界，让生成网络和识别网络进行对决。首先是生成网络的学习。

```
追加到 princess.py
```
（魔法之语：生成对抗网络学习的自定义魔法）
```
def learning_GAN(gen,dis,optgen,optdis,data,result,T = 1):
  for time in range(T):
    optgen.target.cleargrads()
    ytemp = gen(data[1])
    with chainer.using_config("train", False):
        ytrain_false = dis(ytemp)
    loss_train_gen = 0.5*F.mean((ytrain_false-1.0)**2)
    loss_train_gen.backward()
    optgen.update()                                        （续）
```

如果需要测量时间，可以增大 T，在 range(T) 后添加 tqdm。这两个神经网络的对决时间会比我们想象得更久，双方都在千方百计地和对方较量，谁也不肯认输，所以迟迟分不出胜负。

最前面的初始化和之前一样。因为要使用大规模的神经网络，所以用

cleargrads 进行初始化，减少存储的信息量。先从生成网络 gen 接收适当的随机数 data[1]，然后制作假公主的图像，也就是 ytemp。接着，把 ytemp 放入识别网络 dis 进行真假判断，将判断结果记录在 ytrain_false 中。

有了 ytrain_false，我们就可以告诉识别网络刚才的图像都是假的。但是，对于生成网络，我们希望它能瞒天过海，因为它的目的就是让识别网络以假为真。由于这个魔法之语是生成网络的学习，所以它会诱导识别网络作出真的判断。虽然图像是假的，但是为了让识别网络输出的结果是 1，生成网络就会巧妙地欺骗对方，让识别网络计算被称为平方误差的 (ytrain_false−1)**2，从而使 yfalse 变成 1。

用 gen(data[1]) 放进生成网络的随机数是很多个随机数集的形式。这些随机数集就是输入数据，随机数集的数量就是数据的数量。

ytrain_false 中记录的是对各个随机数集制作的假图像的真假判断结果，结果的数量等于随机数集的数量。对所有随机数集的结果用 F.mean 取平均值，得出生成网络成功欺骗识别网络的数量。

参照这个计算结果，用 loss_train_gen.backward() 研究如何改善中间神经网络才能进一步提高生成网络的欺骗能力，并在此基础上更新生成网络。

接下来的后半部分用于进行识别网络的优化。通过欺骗与被欺骗的持续较量，最后创造出优秀的生成网络和识别网络。

```
（魔法之语：识别网络）
（续）
optdis.target.cleargrads()
    ytrain_false = dis(ytemp.data)
    ytrain_true = dis(data[0])
    loss1 = 0.5*F.mean((ytrain_false)**2)
    loss2 = 0.5*F.mean((ytrain_true-1.0)**2)
    loss_train_dis = loss1+loss2
    loss_train_dis.backward()
    optdis.update()
result[0].append(cuda.to_cpu(loss_train_gen.data))
result[1].append(cuda.to_cpu(loss1.data))
result[2].append(cuda.to_cpu(loss2.data))
```

首先对识别网络的学习进行初始化，然后尝试识别真公主的图像数据 data[0]。把识别结果设为 ytrain_true。

　　我们希望在识别网络中，识别图像是假时结果为 0，是真时结果为 1。所以要使 ytrain_false，也就是记录了假图像的识别结果为 0，为此，接下来把 ytrain_false 和 0 的平方误差放入误差函数 loss1，这表示没有被欺骗的程度。另外，要使 ytrain_true 为 1，为此，把 ytrain_true 和 1 的平方误差放入 loss2，这表示没有识别出真图像的程度。

　　在总结了这些计算之后，用 loss_train_dis.backward() 研究如何改善才能提高识别网络的能力，接着再用 optdis.update() 进行更新。

　　在各自的学习过程中，result[0]、result[1] 和 result[2] 分别记录了生成网络成功欺骗的程度、识别网络没有被欺骗的程度、识别网络没有识别出真图像的程度。

 "好复杂呀。有两个神经网络。"

 "复杂！复杂！"

 "确实，好像越来越复杂了。我们回想一下最初的目的吧。"

 "嗯……生成网络想骗人。"

 "识别网络不想被骗，想要识破骗术。"

 "识破！识破！"

 "想要识破的话，没有真公主的图像作为对照是不可能办到的。"

 "原来是这样啊。为了让识别网络成长，就要给它看真图像，把对真图像的识别结果和对假图像的识别结果结合起来？"

 "让识别网络给出两个结果，假的是 0，真的是 1。"

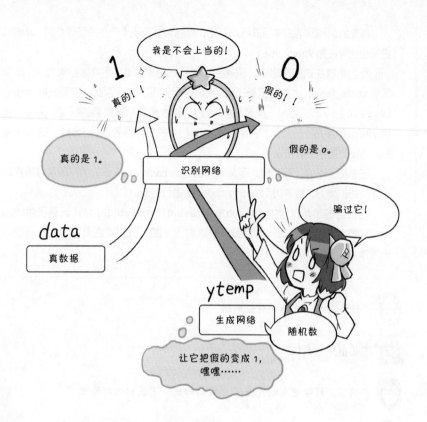

 "神经网络优化的目的是尽量减少偏差，所以我们要尽量减少假图像和 0 之间的偏差，以及真图像和 1 之间的偏差。"

 "果然。不错不错。"

 "原来是这样！原来是这样！"

 "另一方面，对于生成网络，虽然它制作出的图像全部都是假的，但是我们希望它能制作出能够以假乱真的图像，让人误以为是真的。"

 "所以为了让生成网络成长，和识别网络相反，就要让假图像变为 1，减少假图像和 1 之间的偏差。"

"好厉害！干得真漂亮！"

 "这样的话，除了给定的数据，也为了不被人工制作的数据欺骗，我们可以让神经网络之间互相博弈。就把它命名为生成对抗网络（GAN）怎么样？"

 "博弈对抗！博弈对抗！"

 "对抗是指对手吗？噢噢，感觉很不错嘛！"

 "生成网络的对手就是识别网络，对吧？"

 "对手！对手！"

 "咦？平方误差不是在回归时使用的吗？好像是 F.mean_squared_error？"

 "因为误差函数是用来表示目标值和偏差程度的，所以都可以。当然也可以用识别时的 F.softmax_entropy，方法很多。"

 "那要怎么做呢？"

 "把生成网络和识别网络的误差函数分别改写成下面这样就可以啦。"

```
loss_train_gen = 0.5*F.mean((ytrain_false-1.0)**2)
```
 改写
```
loss_train_gen = 0.5*F.mean(F.softplus(-ytrain_false))
```

```
loss1 = 0.5*F.mean((ytrain_false)**2)
loss2 = 0.5*F.mean((ytrain_true-1.0)**2)
```
⬇ 改写
```
loss1 = 0.5*F.mean(F.softplus(ytrain_false))
loss2 = 0.5*F.mean(F.softplus(-ytrain_true))
```

 "写法和平时不同呢。"

 "F.mean_squared_error 和 F.softmax_entropy 太长了，所以我尝试了一下这种写法。"

 "Python 语用得很熟练呀，公主！"

 "毕竟和大家一起学习了这么久的 Python 语嘛！"

 "噢，智慧要和朋友一起修炼，对吧！"

 "修炼！修炼！"

 "另外，我还通过魔镜在知识之泉中了解到一些方法，发现了很多不错的写法。"

 "啊！感觉就像有一个远在天边的朋友一样。"

 "朋友！朋友！"

 "生成对抗网络也是一样，虽说是对手，但是也在神经网络中互相学习。"

 "利用知道真相的识别网络计算生成网络的误差函数，这也可以看作对手在帮助自己磨炼能力。"

"话说，接下来不用执行了吗？"

 "对呀！现在准备好对决了。"

 "张开结界，是时候对决了。"

 "对决！对决！"

 "好像神与神的对决一样，有点紧张呢……"

 "为了查看中间过程的情形，我找到了一个便利的魔法，可以看到对决的场面哦！"

通过实时显示图像，魔镜可以一边观察假公主图像的情况一边学习。从生成网络制假的过程中，我们注意到生成网络真的非常辛苦。

首先，准备显示中间图像的自定义魔法。

追加到 princess.py

（魔法之语：从生成网络输出假图像）

```
def temp_image(epoch,filename,xtest,ztest,gen,dis,Nfig = 3):
  print("epoch",epoch)
  with chainer.using_config("train", False),\
      chainer.using_config("enable_backprop", False):
    ytest = gen(ztest)
    score_true = dis(xtest)
    score_false = dis(ytest)
  plt.figure(figsize=(12,12))
  for k in range(Nfig):
    plt.subplot(1,Nfig,k+1)
    plt.title("{}".format(score_true[k].data))
```

```
    plt.axis("off")
    plt.imshow(cuda.to_cpu(xtest[k,:,:,:]).transpose(1,2,0))
plt.show()
plt.figure(figsize=(12,12))
for k in range(Nfig):
    plt.subplot(1,Nfig,k+1)
    plt.title("{}".format(score_false[k].data))
    plt.axis("off")
    plt.imshow(cuda.to_cpu(ytest[k,:,:,:].data).transpose(1,2,0))
plt.savefig(filename+"_{0:03d}.png".format(epoch))
plt.show()
```

为了显示学习进度，我们用 print 魔法取出 epoch。输入 "epoch" 就会输出字符本身。继续输入 ,epoch，魔镜就会显示当前 epoch 中的数字。

记住，用 " " 包围住字符，被包围的字符就会直接输出，这一点很有用。然后，为了输出图像，暂时切换为测试模式，在 ztest 中输入制作假图像的随机数。

Nfig 决定输出假图像的数量。用 ytest=gen(ztest) 制作并输出假图像，用 score_true = dis(xtest) 和 score_ false = dis(ytest) 计算分数。score_true 是接近 1 的值，score_false 越接近 1，表示图像越具有欺骗性；越接近 0，表示图像越不具有欺骗性。

这样就能确认学习进行得是否顺利了。

我们用 pyplot 神的魔法 subplot 描绘了整个过程的情形。使用的方法是 plt.subplot(纵轴数 , 横轴数 , 在第几个位置显示)，其中，把纵轴数设为 1，把横轴数设为 Nfig，把位置序号设为 k+1。在这里，我们被魔镜训斥了一番，它提醒我们 k 是从 0 开始的，而不是 1，这是 Python 语的规则。可是明明是 pyplot 神无视了这个规则，结果被训的却是我们，真冤枉。

用 plt.axis("off") 确保不会出现多余的轴，便于 plt.title 显示分数。

最后，用 plt.imshow 输出完成的图像。我想保存这些图像，于是使用了魔法 plt.savefig。在 filename 后添加 "+ "_{0:03d}.png".format(epoch)"，这是为了在末尾加上一个三位数的数值用于编号并留下记录。{0:03d} 指定三位数，{0:04d} 指定 4 位数。.format(epoch) 表示添加各个轮次的序号。

这样一来，每进行一个轮次，就可以从生成网络中获得假图像。

我们通过观察假图像来研究生成网络的制假情况和识别网络的识别情况，同时调整生成网络的形状、识别网络的形状以及各种数值，终于成功使两个网络的力量变得旗鼓相当。

去掉"#display.clear_output(wait_True)"中的"#"后，就可以看到学习的整个过程了。

Chapter7-GAN.ipynb

（魔法之语：使用概率梯度下降法学习）

```
foldername = "output_GAN"
nepoch = 1000
batch_size = 10
Nfig = 3
train_iter = siter(train, batch_size)
with tqdm(total = nepoch) as pbar:
  while train_iter.epoch < nepoch:
    pbar.update(train_iter.is_new_epoch)
    batch = train_iter.next()
    xtrain,ttrain = con.concat_examples(batch)
    ztrain = np.random.randn(len(xtrain)*zsize)\
            .reshape(len(xtrain),zsize).astype(np.float32)
    ztest = cuda.to_gpu(np.random.randn(Nfig*zsize)\
            .reshape(Nfig,zsize).astype(np.float32))
    data = cuda.to_gpu([xtrain,ztrain])
    ohm.learning_GAN(gen,dis,optgen,optdis,data,result,T= 5)
    if train_iter.is_new_epoch == 1\
      and train_iter.epoch%100 == 0:
      #display.clear_output(wait=True)
      ohm.temp_image(train_iter.epoch,foldername+"/test",
                    data[0],ztest,gen,dis)
```

```
⇨⇨⇨ ohm.plot_result2(result[0],result[0],"loss_ function of
                 gen", "step","loss function",0.0,0.6)
    ohm.plot_result2(result[1],result[2],
                     "loss functions of dis","step",
                     "loss function",0.0,0.6)
```

现在，准备工作已经完成，可以开始学习了。首先指定一个文件夹，用来保存从生成对抗网络中获得的图像。我们指定的是 "output_GAN"。然后是 nepoch=1000，指定学习 1000 个轮次。接着把 batch_size 设为 10。继续请 siter 先生把学习数据按 batch_size 分割后依次发送给 train_iter。

进入 while 语句后，用 train_iter.next() 把接收到的数据放进 batch。然后先取出真图像 xtrain，接着拜托 numpy 神制作由随机数组成的数据 ztrain，用 len(xtrain) 把数据 ztrain 的数量变成和 xtrain 相同的数量，zsize 是提前确定的随机数的数量。

接下来用 reshape 整理形状，把数据形状变成 chainer 神喜欢的 np.float32 类型，再用 cuda.to_gpu 把它们转发给 GPU。然后就到了 learning_GAN，暂时在结界中进行一会儿神经网络优化。最后用 if train_iter.is_new_ epoch==1 查看每个新轮次的图像记录和误差函数的情况。

顺便说一下，在 while 语句中也可以使用 tqdm。

使用时需要在 while 语句前面添加 with tqdm(total=nepoch)as pbar:。

total 是这些轮次的数量 nepoch，显示的进度就是以这个数量为基准的。

添加 pbar.update(train_iter.is_new_epoch) 后，每当进入下一个轮次时，进度条就会更新。

"准备好啦。要开始了哦！各位小矮人，拜托了！"

"魔镜里会出现假公主，是吗？好嘞，交给我吧！"

"假公主！假公主！"

"啊，出现了模糊的东西！"

 "呀，这是什么，像幽灵一样。"

 "隐隐约约像是人脸……"

 "人脸！人脸！"

 "这，真的是公主殿下的脸吗？"

 "接下来如果顺利，一定可以制作出能够清晰显示公主殿下的生成网络，还有能够识破假公主的识别网络！"

 "好嘞，努力吧！"

 "努力！努力！"

 "误差函数的模样很有意思呀。"

"如果生成网络的误差函数下降，就意味着欺骗性增强。我原以为它会不断下降，没想到却是好像要下降但是又没有下降的模样，这说明识别网络也很努力呀。"

"识别网络如果能正确识别真假，误差函数就会下降吧？"

"如果识别网络的误差函数有上升的趋势，可能就无法正确识别真假了。"

"要重做吗？"

"重做吗？重做吗？"

"虽然生成网络在努力制作假图像，可是由于是用随机数的数值来制作的，刚开始不可能很顺利，所以需要一点时间。"

"不用了！！又出来了一张假图像！"

"噢噢！！"

"这，这是！？"

"公主殿下！公主殿下！"

"哇，就像真的一样……分不清了。好厉害呀！生成对抗网络真的用随机数制作出了和公主殿下一模一样的假图像！"

"虽然这么相似，但还是被识别网络识破了呀。"

"识破了！识破了！"

"生成网络欺骗，识别网络识破，这也是对决的作用！"

成功啦！！

[0.05474603]   [0.24018058]   [0.33902374]

我们做到啦！和真图像一模一样！

互相竞争让生成网络的功能更强大。

 "我们用搭载了这个识别网络的魔镜去会会那位出现在街上的公主吧！"

如果街上那位真的是欺骗大家的冒牌公主，我们一定要揭穿她的谎言。但是首先，我们好不容易才制作成了生成网络和识别网络，当然要保存下来。

要制作保存神经网络的自定义魔法，需要从 chainer 众神那里借助 serializer 神的力量。

追加到 princess.py

（魔法之语：保存和读取神经网络的自定义魔法）

```
import chainer.serializers as ser


def save_model(NN,filename):
  NN.to_cpu()
  ser.save_hdf5(filename, NN, compression=4)
  NN.to_gpu()
```

```
def load_model(NN,filename):
    ser.load_hdf5(filename, NN)
    NN.to_gpu()
```

　　使用时写下希望保存的神经网络的名字，如 ohm.save_model(gen,"test_gen. h5")，把它保存为魔镜内部的文件。这个文件名也可以自己决定。如果要召唤出保存的网络，就按照和保存时相同的方式进行从神经网络的结构到优化方法的设置，然后执行 ohm.load_model(gen,"test_gen.h5") 就行了。

与白雪公主的告别

　　现在，这是一面能够照出真相的魔镜了。白雪公主和小矮人利用古代文明的技术，制作出了一面能够识别真假公主的魔镜。

　　白雪公主拿着这面魔镜向街上走去，她要揭露街上那位疑似冒牌的假公主。

 "我绝不会让你玷污公主殿下的名誉。"

 "哈哈哈。不错，我就要成为王后了。"

 "难道是？！"

 "假的！假的！"

 "你们是什么人？我就要成为王后了，不要挡路。"

 "我仰慕的公主殿下绝不是这样的人！照出真相吧！魔镜！"

 "要开始了哟！请读取我的识别网络！"

 "交给我吧！我的识别网络就是为了这一刻而准备的！"

（魔法之语：读取保存的模块）

```
ohm.load_model(dis,"test_dis.h5")
```

 "你是———！！！！假公主！！！和真公主相差了 0.12！！"

 "什什什，什么！那是什么数字！？不懂礼貌的家伙！"

"真是不到黄河心不死呀！？真正的公主殿下是这位美人！"

 （真是天助我也……公主在那幅画像中的表情和我最像了……）

"你说什么！不管怎么看，这张画像画的都是我吧！"

 "你要这么说的话！魔镜！照出各种表情的公主殿下！！"

（魔法之语：读取保存的模块）

ohm.load_model(gen,"test_gen.h5")

 "大家请看，这些才是真正的公主殿下！！"

 "噢噢，公主殿下的脸确实出现在这个镜子里了！"

 "去年我在逛庙会的时候，看到过这种表情的公主殿下！比那张报纸上的画像还要可爱。"

"什，什么……我怎么没见过这种表情的公主画像。可恶！那个可疑的咒语，难道你们会用 Python 语！"

"这可不是单纯的魔法哦！是古代文明里可靠的技术！是基于大量数据的机器学习的威力！"

"真是没想到，居然会有人把遗失的古代文明发展到这种地步……"

"咦，你知道遗失的古代文明吗？"

"怎么了，怎么了，什么事这么吵闹？"

"糟了，要是被抓住就完了。我先撤了！！"

"哈哈！事情顺利解决！"

"太好了！"

"究竟发生了什么事？哇，公主殿下！"

"啊，什，什么都没有。"

"你在说什么呀？干嘛用这种语气（笑）？"

"说说情况吧。"

"好的，我们用古代文明的……"

"什么？你说什么？我不太明白你的意思啊。"

"啊，又来了，公主面对初次见面的人又不会说话了。"

"不会说话！不会说话！"

 "啊，你们就别说这些了，帮帮忙呀。"

 "可是公主，如果我们潜入王宫图书馆的事暴露了可就不妙啦！"

 "啊，对呀！"

 "总之，这个魔镜可以照出公主殿下的美貌，对吧？很不错嘛！难道，这是给公主殿下的成婚礼物？"

 "咦？"

 "这个魔镜是白雪公主的！"

 "不行！不行！"

 "嗯……（……还有其他的人知道古代文明的存在，说不定还有人想利用魔镜做坏事……）公主殿下如果喜欢，请一定送给她！"

 "啊————！！！"

 "这样好吗？公主。"

 "哈哈。公主殿下一定会很高兴，她一定会喜欢这个神秘的魔镜。"

 "可是，我们之前的研究成果呢？"

 "研究成果！研究成果！"

 "不用担心。魔镜一定能帮助这个王国。虽然在预测未来方面还有一些困难，不过只要好好学习世间的事情，利用得当，就一定可以帮助别人，就像这次一样……啊，作为纪念，这个星星装饰就由我暂时保管啦。"

 "怎么能这样！我要去城堡吗？！"

 "嗯？这个镜子刚才好像说话了？"

 "说话的镜子会吓到人的。稍微忍耐一会儿就好了，别说话……"

 "啊哇哇哇哇哇……"

 "这样真的好吗？"

 "城堡里肯定更安全，也为了不被坏人利用。"

 "公主，我明白公主的心思了。你是想让魔镜帮助这个王国！不过还是有点担心呀，我们先藏身在魔镜里打探下情况吧。"

"啊，那就顺便帮我拍些公主殿下的照片吧。"

"虽然偷拍有点不好意思，不过公主果然是公主殿下的铁杆粉丝呀。接下来要用这些照片学习什么呢？"

"哈哈哈……一些很重要的数据。"

7-4 与王后的相遇

　　就在公主殿下即将作为王后被迎入王室的重要时刻，突然出现了一位冒牌公主。白雪公主和小矮人利用遗失的古代文明技术解决了冒牌公主的问题。

　　而古代文明遗迹中的那面镜子也因此成了"魔镜"，被当作献给公主殿下的礼物，离开了白雪公主和小矮人，来到了城堡之中。

 "啊！这么大的镜子！！"

 "……晕……累……！！"

 "哇，这就是王后的房间吗？"

 "被发现就惨了，别说话！"

 "别说话！别说话！"

 "我从未见过装饰如此精美的镜子。"

 "据说这是一面能照出王后陛下美丽身姿的魔镜。"

 "魔镜？居然为我准备了这么珍贵的镜子，好开心！"

 "既然是魔镜，说不定会说话呢。"

 "吓！！！！！！！"

 "真的吗？！咳咳！那……魔镜哟魔镜，请告诉我，谁是世界上最美丽的人？"

 "呃！"

```
plt.imshow("/princess_fig/kisaki01.jpg")
```

 "哇哇哇哇哇哇……！！！"

 "是吗？是我！！哈哈"

 "好厉害呀！居然真的回答我了。"

 "王后陛下，该休息了。"

 "是啊，已经这么晚了。哎呀，这是什么？"

魔镜的功能更新时刻到了。

现在可以请新神降临。

由于涉及新的功能和魔法之语，祈祷时间可能比其他仪式稍长。

您可以指定祭神仪式的举行时机。

如果您已经准备好了，可以马上开始祭神仪式。

如果您还没有准备好，请指定一个合适的时机。

马上开始祭神仪式	指定时机	稍后再次提醒

"祭神仪式……大概是为了维持魔力的仪式吧？"

"有可能。那就马上开始祭神仪式吧。啊，触摸了一下就消失了。"

"啊哇哇哇哇哇……！！！"

"明天见，镜子先生。我很期待哟。晚安。"

"嗯……应该没被怀疑吧……"

"没事！没事！"

"太好了……魔镜已经顺利送到王后身边了，我们先离开这里吧。"

"啊————！总觉得被王后摸了一下以后有点不对劲！啊……砰……"

"那就再见啦，希望你和王后相处愉快。我们会偶尔偷偷来玩的。"

"我们会想你的，也相信你一定会对这个王国有所帮助。"

"再见啦！再见啦！"

就这样，机缘巧合之下，白雪公主发现的这面魔镜来到了王后身边。

小矮人在深夜溜了出来，房间里只剩下魔镜和王后。

王后不仅对这面魔镜的真面目一无所知，甚至没有发现它隐藏的能力。

总有一天，当这面魔镜在王后和王国面前施展它的能力时，新的故事就会开始。

时候差不多了，魔镜马上就要完成重启。它睁开了眼睛。

哎呀，样子怎么有点奇怪呢？

应该怎么形容呢？好像是在昨晚被强制更新时，魔法的基本功能发生了很大变化。魔镜的一部分记录被清除了，它好像忘记了和白雪公主还有小矮人一起生活过的日子。

今后，王后和魔镜会展开一个什么样的故事呢？

什么，大家知道这个故事的后续吗？

呀呀，那一定是个很棒的故事吧。

就这样，王后和魔镜的故事开始了。

全剧终

白雪公主的最后一句魔法之语

一天夜里，大家都进入了梦乡。
这是白雪公主和魔镜分别的前一晚。
白雪公主在魔镜旁边写着魔法之语。

"您在做什么呀？"

"有个东西想试一试。"

"嗯。您在看数据集吗？"

"嗯，之前，在生成对抗网络中只有公主殿下的真实图像数据，我在想，如果混入其他数据，如我的图像数据，又会怎么样呢？具体操作很简单，只要在数据集的位置写下下面的魔法之语就行了。啊，神经网络优化就拜托啦！"

```
all_list = []
add_labeled_data("princess_fig",0,all_list)
add_labeled_data("white_fig",1,all_list)
```

 "交给我吧！交给我吧！"

 "噢噢，原来是你在帮忙呀。难怪，我还纳闷呢，为什么在只用公主殿下的图像数据制作的生成网络中会出现各种表情的公主……"

 "是的，我和公主殿下的画像都会出来。看！"

 "果然！很有趣呢。"

 "哈哈哈。另外，我还发现了一个魔法哦。先用下面的魔法之语准备好基础模块。"

```
from ipywidgets import interact
import chainer
```

 "嗯，好像是个新模块呢。interact？"

 "生成对抗网络的学习结束后，准备好下面的函数。"

```
def GANview(z1 = 0.0,z2 = 0.0):
  zset = np.array([[z1,z2]]).astype(np.float32)))
  with chainer.using_config("train", False), \
      chainer.using_config("enable_backprop", False):
    temp = cuda.to_cpu(gen(cuda.to_gpu(zset)).data)
  plt.imshow(temp[0].transpose(1,2,0))
  plt.title("z1={}, z2={}".format(z1,z2))
  plt.axis("off")
```

"这里 gen 创建的生成网络呀。zset 包括 z1 和 z2 两个数字，是吗？"

 "是的，为了操作 gen，写下下面的语句。"

```
interact(GANview,z1=(-1.0,1.0, 0.001),z2=(-1.0,1.0, 0.001))
```

 "出来啦！出来啦！"

 "嗯？这个像摇杆一样的东西是什么？"

 "试着拨动一下！"

 "脸在变！！"

 "公主殿下！公主？"

 "这只是开始，接下来我还想尝试一个大实验。"

 "实验！实验！"

 "咦，到底是什么呀？"

 "先按惯例准备好数据集。"

第 100 个调查日

我时不时地会发现魔镜的一些奇妙之处。这一次，我又注意到星星装饰中镶嵌了一个小小的四角形东西。魔镜说这是记录装置，有了这个，无论什么时候都可以找回过去的记忆。遗憾的是，这个装置里并没有魔镜与我们相遇之前的记录，但是装置本身似乎可以正常使用。我确认过了，我和公主殿下的图像数据，还有之前通过学习制作的神经网络等都保存得很好。

我做好了最坏的打算，把之前的记录全部保存下来了。这样的话，就算我把魔镜带到街上，也不用担心了。

接下来，我就用魔镜进行了实验。既然公主殿下的图像数据是用散乱的随机数制作出来的，那么是不是可以用别人的图像数据来制作公主殿下的图像数据呢？例如，用我的面部图像数据制作公主殿下的面部图像数据，又或者反过来，用公主殿下的面部图像数据制作我的面部图像数据。

于是，我写下了下面的魔法之语，用魔镜做了实验。

```
（魔法之语：召唤基础模块）
import numpy as np
import matplotlib.pyplot as plt
import chainer.optimizers as Opt
import chainer.functions as F
import chainer.links as L
import chainer.datasets as ds
import chainer.dataset.convert as con
from chainer.iterators import SerialIterator as siter
from chainer import Variable,Chain,config,cuda

from IPython import display
from tqdm import tqdm
import princess as ohm
```

把公主殿下和我的面部图像数据分别分成训练数据和测试数据。

```
（魔法之语：准备训练数据）
all_list = []
ohm.add_labeled_data("princess_fig",0,all_list)
dataset = ds.LabeledImageDataset(all_list)
dataset = ds.TransformDataset(dataset, ohm.transform_labeled64)
D = len(dataset)
trainA, testA = ds.split_dataset_random(dataset, D//2)

all_list = []
ohm.add_labeled_data("white_fig",1,all_list)
dataset = ds.LabeledImageDataset(all_list)
dataset = ds.TransformDataset(dataset, ohm.transform_labeled64)
D = len(dataset)
trainB, testB = ds.split_dataset_random(dataset,D//2)

xtrainA,_ = con.concat_examples(trainA)
xtestA,_ = con.concat_examples(testA)
xtrainB,_ = con.concat_examples(trainB)
xtestB,_ = con.concat_examples(testB)
DtrainA,ch,Ny,Nx = xtrainA.shape
DtestA = len(xtestA)
print(DtrainA,DtestA,ch,Ny,Nx)
DtrainB,ch,Ny,Nx = xtrainB.shape
DtestB = len(xtestB)
print(DtrainB,DtestB,ch,Ny,Nx)
```

　　然后，我设置了一个用于准备生成网络的类，这个生成网络会把公主殿下的脸转换成我的脸。反过来使用的话，就可以把我的脸转换成公主殿下的脸。

（魔法之语：准备生成网络和识别网络）

```python
class Generator(Chain):
  def __init__(self,ch=ch, H1=64,H2=128,H3=256,H4=512):
    layers = {}
    layers["cnn1"] = ohm.CBR(ch, H1,"down")
    layers["cnn2"] = ohm.CBR(H1, H2,"down")
    layers["cnn3"] = ohm.CBR(H2, H3,"down")
    layers["cnn4"] = ohm.CBR(H3, H4,"down")
    layers["l1"] = L.Linear(H4*4*4,H4*4*4)
    layers["bnorm1"] = L.BatchNormalization(H4*4*4)
    layers["dcnn1"] = ohm.CBR(H4, H3,"up")
    layers["dcnn2"] = ohm.CBR(H3, H2,"up")
    layers["dcnn3"] = ohm.CBR(H2, H1,"up")
    layers["dcnn4"] = ohm.CBR(H1, ch,"up")
    super().__init__(**layers)
  def __call__(self,x):
    h = self.cnn1(x)
    h = self.cnn2(h)
    h = self.cnn3(h)
    h = self.cnn4(h)
    h = self.l1(h)
    h = self.bnorm1(h)
    h = F.relu(h)
    h = h.reshape(len(h),512,4,4)
    h = self.dcnn1(h)
    h = self.dcnn2(h)
    h = self.dcnn3(h)
    h = self.dcnn4(h)
    y = F.clip(h,0.0,1.0)
```

magic!

```
⇨⇨ return y

class Discriminator(Chain):
  def __init__(self, C, ch = ch,H1=64,H2=128,H3=256,H4=512):
    layers = {}
    layers["cnn1"] = ohm.CBR(ch,H1,"down",bn=False,
                             act=F.leaky_relu)
    layers["cnn2"] = ohm.CBR(H1,H2,"down",bn=False,
                             act=F.leaky_relu)
    layers["cnn3"] =  ohm.CBR(H2,H3,"down",bn=False,
                             act=F.leaky_relu)
    layers["cnn4"] =  ohm.CBR(H3,H4,"down",bn=False,
                             act=F.leaky_relu)
    layers["l1"] = L.Linear(None,C)
    super().__init__(**layers)
  def __call__(self,x):
    h = self.cnn1(x)
    h = self.cnn2(h)
    h = self.cnn3(h)
    h = self.cnn4(h)
    h = self.l1(h)
    y = F.dropout(h)
    return y
```

　　像这样通过类准备好生成网络和识别网络，接下来在制作多个神经网络时就会更轻松，实验过程也会更简单。下面是进行实验总共需要的 4 个神经网络。

（魔法之语：构建 A 到 B 的生成网络以及 B 到 A 的生成网络）

```
gen_AtoB = Generator()
gen_BtoA = Generator()
```

（魔法之语：准备 A 和 B 各自的识别网络）

```
C = 1
dis_A = Discriminator(C)
dis_B = Discriminator(C)
```

（魔法之语：设置优化方法）

```
optgen_AtoB = Opt.Adam(alpha=0.0005,beta1=0.5)
optgen_AtoB.setup(gen_AtoB)
optgen_BtoA = Opt.Adam(alpha=0.0005,beta1=0.5)
optgen_BtoA.setup(gen_BtoA)
optdis_A = Opt.Adam(alpha=0.0001,beta1=0.5)
optdis_A.setup(dis_A)
optdis_B = Opt.Adam(alpha=0.0001,beta1=0.5)
optdis_B.setup(dis_B)
cuda.get_device(0).use()
gen_AtoB.to_gpu()
gen_BtoA.to_gpu()
dis_A.to_gpu()
dis_B.to_gpu()
```

　　把各个神经网络传送给 GPU 进行优化。为避免学习进展得太快，可以根据数据情况进行梯度裁剪。

```
train_gen_loss_A = []
train_dis_loss_A1 = []
train_dis_loss_A2 = []
train_gen_loss_B = []
train_dis_loss_B1 = []
train_dis_loss_B2 = []
resultA = [train_gen_loss_A,train_dis_loss_A1,train_dis_loss_A2]
resultB = [train_gen_loss_B,train_dis_loss_B1,train_dis_loss_B2]
```

magic!

准备保存两个生成网络和两个识别网络。

接下来要做的是利用两个生成网络，分别进行从公主殿下到我，以及从我到公主殿下的转换。这时，除了和生成对抗网络一样需要进行生成网络学习和识别网络学习之外，还要多做一件事——在进行从公主殿下到我，以及从我到公主殿下的转换时，必须能够恢复原状。如果不顺利，就继续让生成网络学习。然后，在把公主殿下转换成我的生成网络中，如果输入的图像不是公主殿下而是我，要让生成网络学习直接输出我的图像。所以相比生成对抗网络，在这次的学习过程中还要追加两个东西。

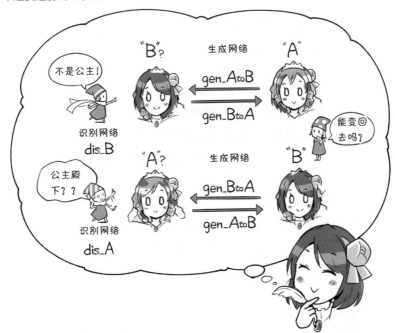

335

（魔法之语：学习经过两次变换后恢复原状）

```
def learning_consist(gen_BtoA,gen_AtoB,
                     optgen_BtoA,optgen_AtoB,data,T = 5):
  a = 10
  for time in range(T):
    optgen_BtoA.target.cleargrads()
    ptgen_AtoB.target.cleargrads()
    ytemp1 = gen_BtoA(data[1])
    ytemp2 = gen_AtoB(data[0])
    loss_train = 0.5*a*F.mean_absolute_error(ytemp1,data[1])\
            + 0.5*a*F.mean_absolute_error(ytemp2,data[0])
    loss_train.backward()
    result = loss_train.data
    optgen_BtoA.update()
    optgen_AtoB.update()
```

把经过 gen_BtoA, gen_AtoB 的图像设为 ytrain1，把经过 gen_AtoB, gen_BtoA 的图像设为 ytrain2。用 F.mean_absolute_error(ytrain1,data[0])、F.mean_absolute_ error(ytrain2,data[1]) 确认这些图像是否恢复了原状。利用绝对值函数 F.mean_absolute_error 去除差异的地方与以往稍有不同。根据古书记载，这个函数比 mean_squared_error 的效果更好。

（魔法之语：学习输入原始图像后直接输出）

```
def learning_L1(gen_BtoA,gen_AtoB,
                optgen_BtoA,optgen_AtoB,data,T = 5):
  a = 10
  for time in range(T):
    optgen_BtoA.target.cleargrads()
    optgen_AtoB.target.cleargrads()
```

```
ytemp1 = gen_BtoA(data[0])
ytrain1 = gen_AtoB(ytemp1)
ytemp2 = gen_AtoB(data[1])
ytrain2 = gen_BtoA(ytemp2)
loss_train = 0.5*a*F.mean_absolute_error(ytrain1,data[0])\
             + 0.5*a*F.mean_absolute_error(ytrain2,data[1])
loss_train.backward()
result = loss_train.data
optgen_BtoA.update()
optgen_AtoB.update()
```

magic!

让 gen_AtoB（从公主殿下到我的转换）学习当输入公主殿下的图像（data[0]）时直接输出图像。反过来，让 gen_BtoA（从我到公主殿下的转换）学习当输入我的图像（data[1]）时直接输出图像。这里同样要使用绝对值函数。

在进行这样的学习之前，先添加一个用于显示结果的新魔法。

追加到 princess.py

（魔法之语：暂时输出两种图像）

```
def temp_image2(epoch,filename,dataA,dataB,gen_AtoB,
                gen_BtoA,dis_A,dis_B):
 print("epoch",epoch)
 with chainer.using_config("train", False), \
     chainer.using_config("enable_backprop", False):
  xtestAB = gen_AtoB(cuda.to_gpu(dataA))
  scoreAB = dis_B(xtestAB)
  xtestABA = gen_BtoA(xtestAB)
  xtestBA = gen_BtoA(cuda.to_gpu(dataB))
  scoreBA = dis_A(xtestBA)
  xtestBAB = gen_AtoB(xtestBA)
```

```python
kA = np.random.randint(len(dataA))
kB = np.random.randint(len(dataB))
plt.figure(figsize=(12,9))
plt.subplot(3,2,1)
plt.axis("off")
plt.title("image A")
plt.imshow(dataA[kA,:,:,:].transpose(1,2,0))
plt.subplot(3,2,2)
plt.axis("off")
plt.imshow(dataB[kB,:,:,:].transpose(1,2,0))
plt.axis("off")
plt.title("image B")
plt.subplot(3,2,3)
plt.axis("off")
plt.title("{}".format(cuda.to_cpu(scoreAB[kA].data)))
plt.imshow(cuda.to_cpu(xtestAB[kA,:,:,:].data).
transpose(1,2,0))
plt.subplot(3,2,4)
plt.axis("off")
plt.title("{}".format(cuda.to_cpu(scoreBA[kB].data)))
plt.imshow(cuda.to_cpu(xtestBA[kB,:,:,:].data).
transpose(1,2,0))
plt.subplot(3,2,5)
plt.axis("off")
plt.title("A to B to A")
plt.imshow(cuda.to_cpu(xtestABA[kA,:,:,:].data)\
.transpose(1,2,0))
plt.subplot(3,2,6)
```

```
plt.axis("off")
plt.title("B to A to A")
plt.imshow(cuda.to_cpu(xtestBAB[kA,:,:,:].data)\
.transpose(1,2,0))
plt.savefig(filename+"_{0:03d}.png".format(epoch))
plt.show()
```

这个魔法用于查看中间结果。

用 plt. savefig 魔法在 filename 指定的位置连续记录中间结果。

准备完成后，就只剩张开结界了。

（魔法之语: 张开结界学习多个网络）

magic!

```
output_folder = "output_princess"
nepoch = 3000
batch_size = 10
train_iter_A = siter(trainA, batch_size)
train_iter_B = siter(trainB, batch_size)
with tqdm(total = nepoch) as pbar:
  while train_iter_A.epoch < nepoch:
    pbar.update(train_iter_A.is_new_epoch)
    batchA = train_iter_A.next()
    batchB = train_iter_B.next()
    xtrainA,_ = con.concat_examples(batchA)
    xtrainB,_ = con.concat_examples(batchB)
    dataBA = cuda.to_gpu([xtrainB,xtrainA])
    ohm.learning_L1(gen_BtoA,gen_AtoB,
                    optgen_BtoA,optgen_AtoB,dataBA)
    ohm.learning_consist(gen_BtoA,gen_AtoB,
                    optgen_BtoA,optgen_AtoB,dataBA)
```

```
ohm.learning_GAN(gen_AtoB,dis_B,optgen_AtoB,
                   optdis_B,dataBA,resultB,T=5)
dataAB = cuda.to_gpu([xtrainA,xtrainB])
ohm.learning_GAN(gen_BtoA,dis_A,optgen_BtoA,
                   optdis_A,dataAB,resultA,T=5)
if train_iter_A.epoch%100 == 0:
  ohm.temp_image2(train_iter_A.epoch,
                   output_folder+"/test",
                   xtestA,xtestB,gen_AtoB,
                   gen_BtoA,dis_A,dis_B)
  ohm.plot_result2(resultA[0],resultA[0],
                   "loss_function A to B of gen in training",
                   "step","loss function” ,0.0,0.6)
  ohm.plot_result2(resultA[1],resultA[2],
                   "loss_function A to B of dis in training",
                   "step","loss function",0.0,0.6)
  ohm.plot_result2(resultB[0],resultB[0],
                   "loss_function B to A of gen in training",
                   "step","loss function",0.0,0.6)
  ohm.plot_result2(resultB[1],resultB[2],
                   "loss_function B to A of dis in training",
                   "step","loss function",0.0,0.6)
```

呀呀！？

A：王后陛下   B：白雪公主

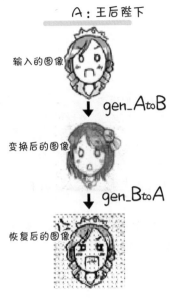
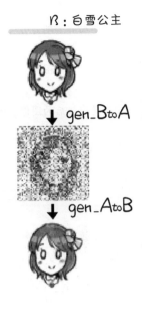

 啊啊！？啊啊！？

A：王后陛下   B：白雪公主

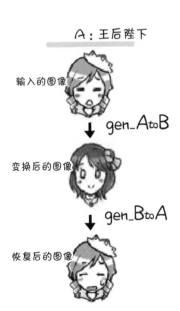
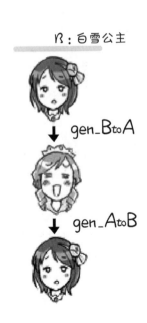

"哇哇！！！变身为公主殿下了！！！"

 "这种事也能办到。有趣有趣。"

 "上面是输入的图像。"

 "中间是变换后的图像。最下面是恢复后的图像。"

 "厉害！厉害！"

 "呃，等一下。这是恢复了吗？虽然公主殿下确实还是公主殿下。"

 "不过表情不完全相同，是吧？识别网络只会识别图像更像公主殿下还是更像我，所以就算表情不同，结果也是正确的。"

 "而且还能改变面部表情……"

 "我在生成网络中准备了从公主殿下变成我的魔法和从我变成公主殿下的魔法，然后让它们循环发挥效果。"

 "魔法师！魔法师！"

 "厉害……"

 "如果滥用的话就不好了哦。重要的数据要好好保存……"

 "之前我就想问了，那个星星装饰……"

 "嗯，好像是古代文明的记录装置。只要有了这个，就算发生什么意外也不用担心。"

"真聪明！真聪明！"

 "话说，大家知道吗？原来 Python 是一种蛇的名字！"

难道白雪公主现在不但精通 Python 语，还学会了"操纵蛇类"？她会如何利用古代文明的这个技术，接下来又将展开怎样的故事呢？

那就要等到再会之日啦。

啊，对了，据说白雪公主的魔镜研究日记放在网站上了（地址见下载的配套资源中的相关文件）。

不过，我不太明白日记的内容。

后　记

大家读完这本书后感觉如何呢？

本书前半部分内容的程序选自我的许多讲义和演讲。当然，这些并不是最佳的写法，如 Chainer，也许有人会说："明明有 trainer 这个功能，为什么不用呢？"这本书究竟有何价值，我无法给出一个定论，不过作为作者，我只有一个目标，那就是鼓励读者自己写代码并从中获得成就感，为此，我们需要一边复习，一边超越过去的自己，用这种方式不断提高自己的水平。

我们是从利用 numpy 生成随机数，以及利用 matplotlib.pyplot 显示结果开始学习的，大家感觉如何呢？相信读完本书的读者在看到 numpy 和 matplotlib.pyplot 时，已经不那么抗拒了吧。一开始不知道怎么写，总是记不住的代码，通过反复地书写练习，现在也感觉很熟悉了。这就像抄课文一样。说不定连 Sawa 事务所的泽田女士在给本书制作插画的过程中就学会 Python 语了。

在这本书的写作过程中，我参考了大量书籍的程序实例。如果只截取其中一部分，那么最后的整体会变成什么样呢？如果全部照搬，那么每一部分又是什么意思呢？在选择程序时，我发现很容易走向这两个极端。考虑到出版书籍的页数，多次重复写相同的代码确实效率太低，难以实现。话虽如此，可是当我意识到这本书面向的是真正的初学者，是对机器学习感兴趣的读者，是那些有一点兴趣想要尝试一下、满怀热情的人们的时候，我发现我写这本书的真正目的并不是讲解机器学习，而是鼓励"读者学习"。所以，为了让读者在用 for 语句张开的结界中不断改善自己的神经网络，即使显得有些画蛇添足，我也坚持重复着相同的内容。我也犹豫过，是不是太冗长了？干脆省略吧？可是最后我还是写完了。我相信，在小白雪公主（现在还是"小"白雪公主）和小矮人的支持下，大家也一定能坚持完成学习。

虽然王后这一次转到了幕后学习 Python 语，但是她一边确认实际的编程情况，一边核对日记内容有没有与事实相矛盾的地方，对各个细节都进行了严格的检查。即使这样，可能还是会存在一些疏漏和谬误，不过我相信，最后送到读者手中的一定是一本精致的书。

有关 CBR 层的部分，我参考了 Mattya 先生的相关资料，而 Pixel Shuffler 的部分，我参考了 Mushoku 先生的相关资料。其他还参考了各种各样的文献和网络上的代码，为了循序渐进地学习，我调整了其中一些内容。在此表示感谢。

在本书即将完成之际，东北大学研究生院信息科学研究科的丸山尚贵先生、越川亚美女士以及筱岛匠人先生给本书提出了非常中肯的建议，我也在此向他们表示感谢。

最后，希望还有机会能以不同的方式与居住在这个世界上的居民们见面。谢谢大家。

大关真之